U0270704

国家出版基金项目
NATIONAL PUBLICATION FOUNDATION

海洋强国出版工程

中国海洋功能区划研究

基于海洋环境保护考量

董 琳 著

上海交通大学出版社
SHANGHAI JIAO TONG UNIVERSITY PRESS

内容提要

海洋对我国的政治、经济和国家安全都有着重要的影响。作为我国海域使用管理的基本制度之一，海洋功能区划在协调各类用海需求的过程中发挥了重大的作用，同时也为海洋环境的保护作出了巨大的贡献。

本书主要是基于法学、海洋功能区划及环境管理等基础理论，采用了理论探讨和案例分析相结合的方法，通过对三个相应案例的研究与讨论，对海洋保护区的建区工作、管理体制和经济效益方面存在的问题及其对策展开了深入的法理分析。

图书在版编目(CIP)数据

中国海洋功能区划研究：基于海洋环境保护考量／
董琳著. —上海：上海交通大学出版社，2015
ISBN 978-7-313-10672-8

Ⅰ. ①中… Ⅱ. ①董… Ⅲ. ①海洋资源-资源开发-经济区划-研究-中国 Ⅳ. ①P74

中国版本图书馆 CIP 数据核字(2013)第 288671 号

中国海洋功能区划研究
——基于海洋环境保护考量

著　　者：董　琳
出版发行：上海交通大学出版社　　　　地　　址：上海市番禺路 951 号
邮政编码：200030　　　　　　　　　　电　　话：021-64071208
出 版 人：韩建民
印　　制：杭州富春印务有限公司　　　经　　销：全国新华书店
开　　本：787 mm×960 mm　1/16　　印　　张：17.25
字　　数：192 千字
版　　次：2015 年 12 月第 1 版　　　　印　　次：2015 年 12 月第 1 次印刷
书　　号：ISBN 978-7-313-10672-8/P
定　　价：75.00 元

前　言

　　海洋对于我国的政治、经济和国家安全都有着重要的影响，借助海洋的区位优势，我国产生并发展了高度发达的沿海经济带，沿海地区集中了我国半数的人口和一半以上的国内生产总值。可以预见，海洋对于我国发展的推动作用，必将随着时间的推移而成倍增长。

　　作为我国海域使用管理的基本制度之一，海洋功能区划在协调各类用海需求的过程中发挥了重大的作用，同时也为海洋环境的保护作出了巨大的贡献。然而，随着我国经济的快速发展，沿海各地对于开发海洋的热情也空前高涨，这就难免导致了海洋功能区划的海洋环境保护功能被不断弱化。本书的研究正是基于修复我国海洋功能区划的海洋环境保护功能的考虑而展开的。

　　本书研究工作的开展主要是基于法学、海洋功能区划及环境管理等基础理论，同时采用了理论探讨和案例分析相结合的方法。通过对"我国海洋功能区划的法律分析"、"以海洋环境保护为导向的我国海洋功能区研究"、"特别敏感海域研究——兼

论其借鉴意义"及与上述相对应的三个案例的研究,本书主要涉及以下四方面的研究成果:

（1）对"海洋功能区划制度"和"海洋功能区划成果"各自的法律地位进行了深入剖析,并从保护海洋环境的角度出发,以法理分析为依据,提出了应提高"海洋功能区划成果"法律地位的建议。

（2）提出应引入"以海定陆"的原则、"公众参与"的原则及"预警原则"对我国目前海洋功能区划的制定原则加以完善,并对其在引入的过程中需注意的要点进行了深入的法理分析。

（3）从国内法和国际法的角度综合考察了海洋自然保护区和海洋特别保护区的不同,并对海洋保护区的建区工作、管理体制和经济效益方面存在的问题及其对策建议开展了以法律为视角的深入分析。

（4）以法律为视角,提出应引进 PSSA 来完善我国以海洋环境保护为导向的海洋功能区体系,以此来增强我国在领海和专属经济区内保护海洋环境免遭国际海运活动威胁的能力。

目　录

第1章 绪 论

1.1 研究的问题

作为我国海域使用管理的基本制度之一,海洋功能区划在协调各类用海需求的过程中发挥了重大的作用,同时也为海洋环境的保护作出了巨大的贡献。然而,随着我国经济的快速发展,沿海各地对于开发海洋的热情也空前高涨,这就难免导致海洋功能区划的海洋环境保护功能被不断地弱化。正是基于修复我国海洋功能区划的海洋环境保护功能的考虑,本书拟对下列问题从法律的角度展开探讨:

(1) 海洋功能区划应具有何种法律地位?

(2) 海洋功能区划的制定原则应如何完善?

(3) 以海洋环境保护为导向的海洋功能区存在哪些问题及如何解决?

(4) 国际上有否先进的海洋功能区划理念可供借鉴之用?

1.2 研 究 背 景

海洋,大体上可以分为大洋(open oceans)、半闭海(semi-enclosed seas)以及封闭海(enclosed seas),它们各有特点。①1992 年,联合国环境与发展大会在其通过的《21 世纪议程》的第17 章开篇便指出:"海洋环境(包括远洋、近海和海岸区域)形成了一个综合的整体,这个整体是全球生命支持系统所不可或缺的一个组成部分,此外,海洋环境还是一项有助于可持续发展的宝贵资产。"②可见,在人类进化和社会经济发展的过程中,海洋占据着十分重要的基础性地位。

随着海洋的战略性愈来愈凸显,20 世纪末,各主要沿海国家都纷纷推出了自己的海洋战略,例如:美国提出了"90 年代海洋科技发展战略",英国公布了"海洋开发推进计划",法国制定了"海洋科技 1991—1995 年战略计划",欧盟实施了"欧洲海洋计划"③,中国亦于 1998 年制定了《中国海洋事业的发展》白皮书。④

进入 21 世纪后,美国于 2004 年出台了 21 世纪的新海洋政

---

① Michael J. Kennish. Practical Handbook of Marine Science (3rd) [M]. Boca Raton et al.：CRC Press,2001:14.

② The United Nations Conference on Environmental and Development (UNCED). Agenda 21 [EB/OL]. [2011-02-14]. http://www.un.org/esa/dsd/agenda21/res_agenda21_17.shtml#3/.

③ 陈艳.海域使用管理的理论与实践研究——一种经济学的视角[D].青岛:中国海洋大学,2006:5.

④ 国务院新闻办公室.《中国海洋事业的发展》白皮书[EB/OL]. [2011-02-14]. http://www.law-lib.com/fzdt/newshtml/24/20050709190502.htm.

策《21 世纪海洋蓝图》,日本于 2004 年发布了第一部对海洋实施全面管理的海洋白皮书,英国发布了《海洋责任报告》,韩国出台了《韩国 21 世纪海洋》的国家战略,欧盟于 2001 年制定了《欧洲海洋战略》[①],而我国更是早在 1996 年就制定了《中国海洋 21 世纪议程》[②]。

随着海洋开发利用强度的不断加大,海洋在世界经济的发展中开始占据越来越重要的位置,我国的情况亦是如此。我国拥有 18 000 多公里的大陆岸线,依照《联合国海洋法公约》中 200 海里专属经济区制度和大陆架制度,我国可拥有约 300 万平方公里的管辖海域,沿海岛屿 6 500 多个。[③] 根据国家海洋局的最新统计数据,我国的海洋生产总值从 2001 年到 2010 年的十年间,逐年稳步上升(见图 1－1),例如,2010 年全国海洋生产总值 38 439 亿元(其中,海洋产业[④]增加值 22 370 亿元,海洋相关产业[⑤]增加值 16 069 亿元),比上年增长 12.8%。海洋生产

---

① 韩立民,陈艳.海域使用管理的理论与实践[M].青岛:中国海洋大学出版社,2006:2.

② 国家海洋局.中国海洋 21 世纪议程[EB/OL].[2011－02－14].http://www.coi.gov.cn/hyfg/database/guojiahyfg/200803/t20080318_4888.htm.

③ 国家海洋局.中国海洋 21 世纪议程[M].北京:海洋出版社,1996:1.

④ "海洋产业"系指:开发、利用和保护海洋所进行的生产和服务活动,包括了海洋渔业,海洋油气业及海洋矿业等 22 个大类行业。参见中华人民共和国国家质量监督检验检疫总局,中国国家标准化管理委员会.海洋及相关产业分类(GB/T 20794－2006)[S](2007－05－01):1.

⑤ "海洋相关产业"系指:以各种投入产出为联系纽带,与海洋产业构成技术经济联系的产业,包括了海洋农、林业,海洋设备制造业、涉海产品及材料制造业、涉海建筑与安装业、海洋批发与零售业及涉海服务业 6 个大类行业。参见中华人民共和国国家质量监督检验检疫总局,中国国家标准化管理委员会.海洋及相关产业分类(GB/T 20794－2006)[S]:1.

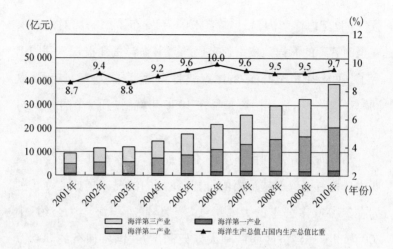

图 1-1 2001—2010 年全国海洋生产总值情况

资料来源:国家海洋局.2010 年中国海洋经济统计公报[EB/OL].http://www.soa.gov.cn/soa/hygbml/jjgb/ten/webinfo/2011/03/1299461294189991.htm

总值占国内生产总值的9.7%。①

　　然而,随着海洋经济的持续升温,我国的海洋环境也开始面临越来越严峻的挑战,尤其在一些海洋经济发达的省份或地区更是如此。根据国家海洋局的最新统计数据,2009 年,全国海域未达到清洁海域②水质标准的面积为 146 980 平方公里,其中较清洁海域③面积 70 920 平方公里,轻度污染海域④面积

---

　　① 国家海洋局.2010 年中国海洋经济统计公报[EB/OL].[2011 - 05 - 14].http://www.soa.gov.cn/soa/hygbml/jjgb/ten/webinfo/2011/03/1299461294189991.htm.

　　② 清洁海域:符合国家海水水质标准中第一类海水水质的海域,适用于海洋渔业水域、海上自然保护区和珍稀濒危海洋生物保护区。

　　③ 较清洁海域:符合国家海水水质标准中第二类海水水质的海域,适用于水产养殖区、海水浴场、人体直接接触的海上运动或娱乐区,以及与人类食用直接有关的工业用水区。

　　④ 轻度污染海域:符合国家海水水质标准中第三类海水水质的海域,适用于一般工业用水区和滨海风景旅游区。

25 500 平方公里,中度污染海域①面积 20 840 平方公里,严重污染海域②面积 29 720 平方公里。严重污染海域主要分布在辽东湾、渤海湾、莱州湾、长江口、杭州湾、珠江口和部分大中城市近岸局部水域(见图 1-2)。海水中的主要污染物依然是无机氮、活性磷酸盐和石油类。③

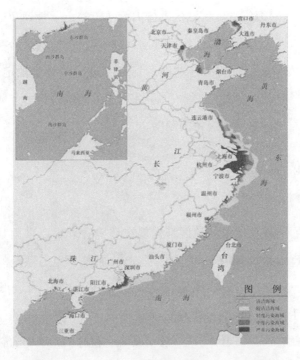

图 1-2 2009 年全国海域水质等级分布示意图

资料来源:国家海洋局. 2009 年中国海洋环境质量公报[EB/OL]. http://www. soa. gov. cn/soa/hygbml/hjgb/nine/webinfo/2010/06/1297643967129820.htm

---

① 中度污染海域:符合国家海水水质标准中第四类海水水质的海域,适用于海洋港口水域和海洋开发作业区。
② 严重污染海域:劣于国家海水水质标准中第四类海水水质的海域。
③ 国家海洋局. 2009 年中国海洋环境质量公报[EB/OL]. [2011-05-14]. http://www. soa. gov. cn/soa/hygbml/hjgb/nine/webinfo/2010/06/1297643967129820. htm.

正是由于意识到海洋环境问题的严峻性,我国颁布了一系列有关海洋环境保护的法律法规等规范性文件,也由此确立了一些影响深远的海洋管理制度,海洋功能区划制度便是其中之一。

我国的海洋功能区划制度是在1999年修订后的《中华人民共和国海洋环境保护法》(以下简称《海环法》)中得以确立的,但该法并未对海洋功能区划的具体内容作出规定。直到2001年,《中华人民共和国海域使用管理法》(以下简称《海域法》)在其第2章以专章的形式对海洋功能区划制度进行了具体规定,这表明了海洋功能区划已不是一种单纯工作上的或者技术方面的规划,而是一种由国家规定的制度。

1.3 研究意义

当下,发达国家和地区都提倡在环境管理中要采用基于生态系统(ecosystem-based)的管理方式,而基于生态系统的管理方式有一重要的特点,便是它应该是"基于地方"(place-based)或"基于区域"(area-based)的,[①]这与现行所普遍采用的仅关注某单一物种、某一群体、某一活动或某一利益相关事物的管理方式大相径庭。[②]

本书之所以如此选题,意义有二:一是海洋功能区划正是在海洋环境保护中所采用的一种"基于地方"或"基于区域"的

———————

① McLeod, K., Lubchenco, J., Palumbi, R., Rosenberg, A.. Scientific consensus statement on marine ecosystem-based management [Z]. Communication Partnership for Science and the Sea, 2005.

② Crowder, L., Osherenko, G., Young, O., et al. Resolving mismatches in US ocean governance [J]. Science, 2006,313:617 - 618.

管理手段,对其进行系统研究将有助于提升我国的海洋环境管理水平,保障我国海洋经济健康发展的可持续性;二是海洋功能区划涉及的学科及领域众多,对其所开展的研究也各有侧重,而基于海洋环境保护考量所展开的以法律为视角的研究,将有助于重点解决海洋功能区划的海洋环境保护功能受到弱化的问题,从而使我国的海洋功能区划水平能迈上一个新的台阶。

1.4 技 术 路 线

本书研究工作的开展主要是基于法学、海洋功能区划及环境管理等基础理论,采用了理论探讨和案例分析相结合的方法。本书的技术路线详见图1-3。

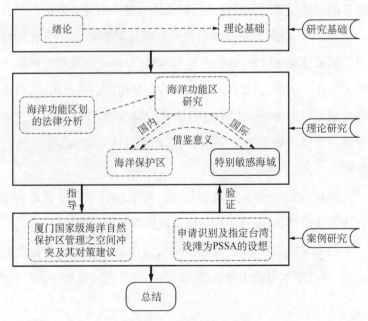

图1-3 本书技术路线图

第1章"绪论",主要是明确本书所要研究的问题,以及研究背景、研究意义和技术路线。

第2章"理论基础",首先就国内和国际的海洋环境保护法律体系进行相关的梳理,随后对海洋功能区划的内涵、海洋功能区划的现行制度原则及海洋功能区划与海洋环境保护的关系进行说明。

第3章"我国海洋功能区划的法律分析",主要围绕我国海洋功能区划的实施范围、法律地位及完善制定原则这三个方面展开深入的法理分析。

第4章"以海洋环境保护为导向的我国海洋功能区研究",首先明确我国现行的海洋功能区分类体系中,以海洋环境保护为导向的海洋功能区只有"海洋保护区",随后即对我国海洋保护区的分类及其区别,以及建区工作、管理体制和经济效益方面存在的问题及其对策建议进行以法律为视角的深入分析。

第5章"特别敏感海域研究——兼论其借鉴意义",首先将对特别敏感海域(PSSA)的内涵与框架、发展历程及其与国际法的关系作一说明,其次将对 PSSA 的识别和指定进行阐述,再次将对相关保护措施(APM)进行研究,最后将就 PSSA 对于完善我国以海洋环境保护为导向的海洋功能区体系的借鉴意义进行分析。

第6章"案例研究",主要是通过对案例的研究验证之前理论研究成果,同时也是用理论研究成果指导案例的研究。

第7章"总结",主要就第1章所提出的问题进行结论性的回答,并总结本书的主要创新点以及不足并进行展望。

第 2 章　理　论　基　础

2.1　海洋环境保护法律体系梳理

2.1.1　国内

我国现行的国内海洋环境保护法律体系包括了大量的法律法规等规范性文件,总结起来,可分为六个部分:

(1) 由全国人民代表大会制定的《宪法》中有关海洋环境保护的法律规范。

(2) 由全国人民代表大会常务委员会制定的有关海洋环境保护的法律——《环境保护法》、《海环法》、《海域法》、《渔业法》、《野生动物保护法》、《海上安全交通法》、《领海及毗连区法》及《海关法》等。

(3) 由国务院制定的有关海洋环境保护的行政法规——《海洋石油勘探开发环境保护管理条例》、《防止船舶污染海域管理条例》、《海洋倾废管理条例》、《防治陆源污染物污染损害海洋环境管理条例》及《防治海岸工程建设项目污染损害海洋环境管理条例》等。

（4）由国务院各部委制定的有关海洋环境保护的部门规章和标准——《海洋石油勘探开发环境保护管理条例实施办法》、《海军防止军港水域污染管理规定》、《海上监督管理处罚规定》、《交通行政处罚程序规定》、《渔业行政处罚程序》、《拆解船舶监督管理规则》、《关于加强渔港水域环境保护的规定》、《渔船污染结构与设备规范》、《交通建设项目环境保护管理办法》、《关于船舶拆解监督管理的暂行办法》、《渔业环境监测技术规定》、《渔业资源增值保护费征收使用办法》、《海洋功能区划技术导则》、《海水水质标准》、《渔业水质标准》、《海洋石油开发工业含油污水排放标准》、《船舶污染物排放标准》及《船舶工业污染物排放标准》等。

（5）由沿海各省、自治区、直辖市人民代表大会及其常务委员会，以及较大的市①的人民代表大会及其常务委员会制定的有关海洋环境保护的地方性法规——《福建省海域使用管理条例》、《江苏省海岸带管理条例》、《深圳经济特区海域污染防治条例》、《青岛市近岸海域环境保护规定》、《广东省渔港管理条例》等。

（6）由沿海各省、自治区、直辖市和较大的市的人民政府发布的有关海洋环境保护的地方性规章，以及沿海其他各级地方人民政府发布的具有普遍约束力的决定和命令——《厦门市海域环境管理办法》、《天津市海域环境保护管理办法》、《天津市防止拆船污染环境管理办法》、《河北省近岸海域环境保护暂行办

---

① 按照《立法法》第 63 条第 4 款的规定，"较大的市"是指"省、自治区的人民政府所在地的市，经济特区所在地的市和经国务院批准的较大的市"。

法》、《青岛市近岸海域环境保护规定》、《大连市防止拆船污染环境的规定》、《威海市海洋环境保护暂行规定》、《广州港务监督防止船舶垃圾污染管理办法》、《广州港船舶油作业布设围油栏管理规定》、《湛江港防止港口水域污染暂行办法》、《防止汕头港水域污染暂行规定》等。①

在上述诸多的规范性文件中，1982 年制定并于 1999 年修订的《海环法》应该说既是一项专门性的环境保护单项法律，也是对我国海洋环境保护进行比较全面的法律调整的综合性海洋环境保护法律。如前所述，海洋功能区划制度就是在 1999 年修订后的《海环法》中得以确立的，而真正得到发展和细化却是在《海域法》出台之后。

2.1.2　国际

国际海洋环境保护法律体系包括了大量的条约、反映国际习惯法的文件、反映有关国际环境保护一般法律原则的文件、司法判例和国际组织的决议等法律文件，概括起来，可分为四个部分：

（1）关于控制海洋倾倒的国际海洋环境保护法律文件——1982 年《联合国海洋法公约》、1972 年《防止因倾弃废物及其他物质而引起海洋污染的公约》及其 1996 年议定书、1972 年《防止船舶和飞机倾弃废物污染海洋公约》、1992 年《保护东北大西洋海洋环境公约》、1976 年《保护地中海免受污染公约》的《防止船舶和飞机倾弃造成污染议定书》、1986 年《保护南太平洋环境与自然资源公约》的《防止南太平洋倾弃废物污染议定书》、1981

---

①　蔡守秋，何卫东. 当代海洋环境资源法［M］. 北京：煤炭工业出版社，2001：31.

年《保护东南太平洋海洋环境和沿海区域公约》及 1989 年《保护东南太平洋免受放射性污染的议定书》等,其中 1972 年《防止因倾弃废物及其他物质而引起海洋污染的公约》是最重要的,它是唯一的一项针对海洋倾倒问题的全球性公约。

(2) 关于控制陆源污染的国际海洋环境保护法律文件——1982 年《联合国海洋法公约》、1992 年《保护东北大西洋海洋环境公约》、1976 年《保护地中海免受污染公约》、1980 年《保护地中海免受陆源污染议定书》、1981 年《保护东南太平洋海洋环境和沿海区域公约》、1983 年《保护东南太平洋免受陆源污染议定书》、1978 年《关于合作防止海洋环境污染的科威特区域公约》、1990 年《科威特陆源污染议定书》、1985 年《保护海洋环境免受陆源污染的蒙特利尔准则》等,其中 1992 年《保护东北大西洋海洋环境公约》于 1998 年生效,取代了 1974 年《防止陆源海洋污染公约》。

(3) 关于控制船舶污染的国际海洋环境保护法律文件——1982 年《联合国海洋法公约》、1973 年《国际防止船舶造成污染公约》及其 1978 年议定书,其中 1973 年《国际防止船舶造成污染公约》附有两个议定书和六个附则,两个议定书中一个是关于涉及有害物质事故报告的规定,另一个是关于仲裁的规定。六个附则分别对防止石油污染、控制散装有害液体物质污染、预防包装中的有害物质污染、预防污水污染、预防船舶垃圾污染和预防大气污染作了具体规定。

(4) 关于控制海洋污染事故的国际海洋环境保护法律文件——1982 年《联合国海洋法公约》、1969 年《对公海上发生油污事故进行干涉的国际公约》、1973 年《关于油类以外物质造成污染时在公海上进行干涉的议定书》、1989 年《国际救援公约》、1990 年《关于石油污染的准备、反应和合作的国际公约》。[①]

从上述可以看出,有关国际海洋环境保护的法律文件实际上可以分成两大类,一类是综合性的,另一类是专门性的。综合性的国家海洋环境保护法律文件除了上述提到的 1982 年《联合国海洋法公约》之外,《人类环境宣言》、《人类环境行动计划》、《里约宣言》、《21 世纪议程》、《生物多样性公约》和《可持续发展世界峰会实施计划》等也是重要的组成部分。

在这些综合性的国际海洋环境保护的法律文件中,有些为海洋空间的分配提供了坚实的法律支撑,其中最为重要的当属《联合国海洋法公约》(United Nations Convention on the Law of the Sea,简称 UNCLOS)、《生物多样性公约》(Convention on Biological Diversity,简称 CBD)、《21 世纪议程》(Agenda 21)以及《可持续发展世界峰会实施计划》(the World Summit on Sustainable Development Plan of Implementation)。虽然它们并没有明确提及对海洋功能区划的需要和使用,但它们为海洋功能区划的施行和发展提供了国际法上的基础。

而在一些专门性的国际法律和政策文件中,一些海洋空间会被划定作为保护海洋环境之用,例如,国际海事组织(International Maritime Organization,简称 IMO)所采用的一些公约和议定书框架下的"特殊区域"(Special Area,简称 SA)和"特别敏感海域"(Particularly Sensitive Sea Areas,简称 PSSA),或者世界遗产公约(World Heritage Convention)框架

---

① 刘中民. 国际海洋环境制度导论[M]. 北京:海洋出版社,2007: 78 - 84.

下的"世界遗产保护地"(World Heritage Site)。因为这些公约框架下所采取的措施包含了对海洋空间的分配,所以它们对于海洋功能区划的发展也起到了很大的促进作用。

2.2　海洋功能区划的内涵

我国的海洋功能区划是在 20 世纪 80 年代末提出并组织开展的一项海洋管理的基础性工作,目的是按照海域的区位条件、资源状况、环境容量等自然属性,根据经济和社会发展的需求,科学划定海洋功能区,统筹安排各行业用海。

我国的海洋功能区划经历了两个发展阶段:第一个阶段是从 1989 年开始,国家海洋局组织沿海 11 个省市开展了小比例尺海洋功能区划工作;第二个阶段是从 1998 年开始,国家海洋局又组织开展了大比例尺海洋功能区划工作。①

要明确"海洋功能区划"的概念,首先要了解"海洋功能区"的概念。"海洋功能区"是根据海域及海岛的自然资源条件、环境状况、地理区位、开发利用现状,并考虑国家或地区经济与社会持续发展的需要,所划定的具有最佳功能的区域,是海洋功能区划最小的功能单元。② "海洋功能区划"则是按照海洋功能区的标准,将海域划分为不同类型的海洋功能区,是为海洋开发、

---

① 于青松. 国家海洋局海域和海岛管理司于青松司长在国家海洋功能区划专家委员会会议上的讲话[G]. 国家海洋功能区划专家委员会. 海洋功能区划研讨会论文集. 北京:海洋出版社,2010:5.

② 中华人民共和国国家质量监督检验检疫总局,中国国家标准化管理委员会.《海洋功能区划技术导则》(GB/T 17108 - 2006)[S]:1. 该导则于 2006 年 12 月 29 日发布,2007 年 5 月 1 日实施,并代替了原来的 GB 17108 - 1997.

保护与管理提供科学依据的基础性工作。[①] 从可持续发展的理念出发,海洋功能区划是以海洋生态健康维护为目标,以资源的持续利用和社会净效益的最大化为落脚点,在按自然属性和生态特征差异对某一海域进行分区的基础上,经多角度的科学论证确定各海区适宜利用方式的过程。[②]

由于自然系统的演变相对于社会系统的演变是缓慢的,所以海洋功能区划需以海域的自然属性为依据,只有这样才可以确保各区块的相对稳定性,从这个意义上讲,海洋功能区划实际上都应包含两层含义:①区划,即区块的划分,主要考虑的是自然特征,把待研究的海区分为具有不同自然属性的不可再分的区块;②各区块的功能确定,即解决各个区块用来"做什么"的问题。[③] 各个海区确定的功能是其远景功能,这允许在不改变远景功能的基础上,近期和远期以不同的方式利用海域。[④]

海洋功能区划的概念是我国海洋管理人员在实践中萌发出来的。国外在 20 世纪 70 年代同样产生了相类似的思想,加拿大和德国等国家对海域进行了划分,但是都没有大规模地开展区划。直到 21 世纪初,包括美国、澳大利亚和南非等在内的一些国家开始提出对海域进行分类和区划,欧盟在 2002 年提出了

---

① 此定义是将原文献中的"将海域及海岛划分为不同类型的海洋功能区"删除"及海岛"而来的,即本书认为海洋功能区划的范围并不包含"海岛",详细分析见本书第 3.1.2 节。
原文献为:中华人民共和国国家质量监督检验检疫总局,中国国家标准化管理委员会.《海洋功能区划技术导则》(GB/T 17108 - 2006)[S]:1.

② 王佩儿,刘阳雄,张珞平,陈伟琪,洪华生.海洋功能区划立法探讨[J].海洋环境科学,2006,25(4):88 - 91.

③ 王佩儿,洪华生,张珞平.试论以资源定位的海洋功能区划[J].厦门大学学报,2004,43(S1):205 - 210.

④ 同上。

《欧盟海岸带综合管理建议》，这个建议书就是要将整个欧盟所管辖的海域空间进行一个整体的规划，合理利用该区域的资源。由于在20世纪70和80年代，我国与国外在海洋功能区划方面并未有交流，所以应该说，我国对于海洋功能区划的这个概念是与国外同步发展的。[①]

国外在这一事项上采用的并不是"海洋功能区划"（marine functional zoning，简称MFZ）这一名词，而是使用"海洋空间规划"（marine spatial planning，简称MSP）这一术语。MSP是指为了特定的使用或不使用，在三维尺度上分析和分配部分海洋空间，以达到通过行政程序而确定的生态、经济和社会目标。[②]

MSP最著名的例子之一就是澳大利亚大堡礁国家公园（Australia's Great Barrier Reef Marine Park）所采用的分区体系：允许包括捕鱼及旅游在内的多种人类活动，同时对特定区域采取高级别的保护措施。[③] 其他著名的MSP行动方案还包括美国佛罗里达群岛国家海洋避难所（Florida Keys National Marine Sanctuary in the USA）、加拿大东司考田沙洲管理方案（Eastern Scotian Shelf Management Initiative in Canada）以

---

① 金翔龙.金翔龙院士在国家海洋功能区划专家委员会会议上的讲话[A].国家海洋功能区划专家委员会.海洋功能区划研讨会论文集[M].北京：海洋出版社，2010：1.

② Ehler, C. , Douvere, F. . Visions for a sea change [R]. Report of the first international workshop on marine spatial planning. Intergovernmental Oceanographic Commission and Man and the Biosphere Programme. IOC Manual and Guides 48, IOCAM Dossier 4, Paris, UNESCO.

③ F. Douvere, F. Maes, A. Vanhulle, J. Schrijvers. The role of marine spatial planning in sea use management：the Belgian case [J]. Marine Policy, 2007,(31)：182 - 191.

及菲律宾省级资源管理计划（Provincial Resource Management
Plan in the Philippines）等。① 这些 MSP 的案例大部分都是出于
自然保护的动因而开展的，而并不必然地考虑到了对于各种海
域用途之间或者用海者之间的冲突管理。

一些欧洲国家，或出于它们自身的主动性，或在欧盟法律和
政策的推动下，在更广的范围内开展了评价和实施 MSP 的工
作，在全球范围内处于领先的地位。荷兰实施了一个"北海
2015 综合管理计划"（Integrated Management Plan for the
North Sea 2015），该计划包含了一个旨在经济地有效利用海洋空
间的"空间规划政策框架"（Spatial Planning Policy Framework）。②
德国通过修订《联邦空间规划法》（Federal Spatial Planning
Act），将其 MSP 的实施范围延展到了专属经济区。③ 英国正在
酝酿一部"海洋法案"（Marine Bill）来为在其管辖的所有海域内
开展 MSP 创设一套程序，并考察其效果。④

---

① Department for Environment, Food and Rural Affairs (DEFRA),
UK. Marine spatial planning literature review [EB/OL]. [2011 - 05 -
18]. http://www. abpmer. net/mspp/docs/finals/MSP literature review_
Final. pdf. :34 - 35.

② The Ministry of Transport, Public Works and Water Management,
the Ministry of Agriculture, Nature and Food Quality, the Ministry of
Housing, Spatial Planning and the Environment and the Ministry of
Economic Affairs. Integrated Management Plan for the North Sea 2015
[EB/OL]. (2005 - 07 - 08) [2011 - 05 - 18]. http://www.
noordzeeloket. nl/Images/IBN2015％20 management seame nvatting％20
(engels)_tcm14-2236. pdf.

③ Gee K, et al. National ICZM strategies in Germany: A spatial
planning approach [A]. In: Schernewski G, Loser N. Managing the Baltic
Sea. Coastline Reports, 2004,(2):23 - 33.

④ Department for Environment, Food and Rural Affairs (DEFRA),
UK. A Marine Bill [Z]. A Consultation Document, March 2006:315.

虽然 MSP 和我国的海洋功能区划在基本目标及指导思想等方面都相类似,它们都旨在指导海洋的合理开发利用和保护海洋环境,但 MSP 仍有下列三处可供我国借鉴。[①]

(1) 综合管理手段的应用。MSP 十分强调各种综合管理手段的应用,即针对不同的海域分区管理目标和生态保护目标制定细化的管理措施。例如,英国制定的海洋空间规划包括了规划目标、空间规划框架及一系列的执行细则、说明文件,其中空间规划框架的区划图确定了不同海域分区执行的总体管理政策,而附加细则、图则、二级区规划则规定了具体海域分区内或某些时期内的特殊管理政策、海域利用指示等。相比之下,我国海洋功能区划在功能区海域使用管理措施方面较为概略,目前只规定了不同功能区类型简要的环境保护要求,市、县级区划较少在省级区划的基础上加以细化,也未考虑海域差异化,尤其缺少针对特定海域的具体用海方式的界定、生态环境目标的保护等方面的控制措施。反映在海域管理方面,审批具体海域时依据"是否符合功能区划"这一条准则略显不足,较难指导具体的海域使用决策。例如,近几年持续快速增长的围海养殖区,大部分都位于划定的养殖区内,符合海洋功能区划,但大面积的围海养殖却带来了海岸线人工化、海湾束狭、滩涂海岛损失等诸多海洋环境问题,海洋功能区划在一些具体的养殖区,应该明确采用开放式养殖方式等具体管理措施。

(2) 区划方法体系的构建。MSP 比较注重建立系统的方法体系,从用海现状分析、环境影响分析、适宜性评价、海洋生态价

---

① 王权明,苗丰民,李淑媛. 国外海洋空间规划概况及我国海洋功能区划的借鉴[J]. 海洋开发与管理,2008,(9):5-8.

值功能过程等各方面进行分区的论证。例如,比利时的海洋空间规划报告,首先详细说明了电缆管线、海洋油气、海岸防护、军事区、航运、旅游用海、渔业养殖、科学调查、自然分配制度等一系列海域利用的现状空间分布位置、类型与特征、对周边用海和环境及社会经济的影响,其次采用 GIS 的空间化分析的方法表达各种海域利用的地质、化学、生态等多方面环境影响,从而为进一步的分区奠定依据。相比之下,我国的《海洋功能区划技术导则》虽然规定了区划原则、功能区分类体系与指标体系,并提出了指标法、叠加法、综合分析等操作方法,但缺少系统规范的操作分析步骤。

(3) 实施步骤的完善。MSP 对规划实施情况监测、实施效果评估、公众参与、规划的调整等环节比较重视。例如,在澳大利亚大堡礁海洋公园的空间管理实践中,根据管理目标选定了一些生态、社会经济、管理效果方面的监测指标,执行了 50 多项定期和不定期的监测,评估分区的适宜性和管理措施的有效性,依据评估结果不断调整管理策略与规划分区;另外,还结合公众参与等手段,使大堡礁国家公园的生态价值得以保护,同时海洋旅游也繁荣发展。而我国海洋功能区划在这些方面极为欠缺。

由于 MSP 与我国的海洋功能区划在概念、指导思想及实施目标等方面并无矛盾之处,所以为了行文的统一性,如无特别说明,下文在引用外文文献涉及 MSP 时,均以"海洋功能区划"代之。

2.3 海洋功能区划现行制定原则总结

关于海洋功能区划的现行制定原则,在《海域法》的第 11 条作出了明确的规定,"海洋功能区划按照下列原则编制:①按照海域的区位、自然资源和自然环境等自然属性,科学确定海域功能；②根据经济和社会发展的需要，统筹安排各有关行业用海；③保护和改善生态环境，保障海域可持续利用，促进海洋经济的发展；④保障海上交通安全；⑤保障国防安全，保证军事用海需要。"①

对此，《海洋功能区划技术导则》(GB/T 17108 - 2006)作出了进一步的深化：②

1) 自然属性与社会属性兼顾原则

海洋功能区划应根据海域和海岛的自然资源条件、环境状况、地理区位、开发利用现状，并考虑国家或地区经济与社会持续发展的需要，合理划定海洋功能区，使海域的开发利用从总体上获得最佳的社会效益、经济效益和生态环境效益。

2) 统筹安排与重点保障并重原则

海洋功能区划应统筹考虑海洋开发利用与保护、当前利益与长远利益、局部利益与全局利益的关系，合理配置开发类、保护类和保留类的海洋功能区。应统筹安排各涉海行业用海，保障海上交通安全和国防安全，保证军事用海需要。

3) 促进经济发展与资源环境保护并重原则

海洋功能区划应有利于海洋经济的持续发展，妥善处理开发与保护的关系。应严格遵循自然规律，根据海洋资源再生能力和海洋环境的承载能力，科学设置海域的功能，保障海洋生态环境的健康，实现海域的可持续利用。

---

① 第九届全国人民代表大会常务委员会. 中华人民共和国海域使用管理法［EB/OL］. ［2011 - 04 - 02］. http://baike. baidu. com/view/277454. htm? fromenter＝％BA％A3％D3％F2％CA％B9％D3％C3％B9％DC％C0％ED％B7％A8.

② 中华人民共和国国家质量监督检验检疫总局，中国国家标准化管理委员会. 海洋功能区划技术导则(GB/T 17108 - 2006)［S］:2 - 3.

4）协调与协商原则

海洋功能区划应在充分协商的基础上，合理反映各部门和地区关于海洋开发与保护的主张，协调与其他涉海规划的关系，解决各涉海行业的用海矛盾，避免相邻海域的功能冲突。

5）备择性原则

在具有多种功能的区域，当出现某些功能相互不能兼容时，应优先设置海洋直接开发利用中资源和环境等条件备择性窄的项目。同时，也应注意考虑海洋依托性开发利用功能以及非海洋性配套开发利用功能。

6）前瞻性原则

海洋功能区划应在客观展望未来科学技术与社会经济发展水平的基础上，充分体现对海洋开发与保护的前瞻意识，应为提高海洋开发利用的技术层次和综合效益留有余地。

2.4　海洋功能区划与海洋环境保护关系的法律分析

如前所述，我国海洋功能区划是从 1989 年才开始起步的，并历经了小比例尺（1∶20 万—1∶30 万）和大比例尺（1∶50 000—1∶5 000）两个编制阶段，取得了显著的成绩。[①]

我国的海洋功能区划制度是在 1999 年修订后的《海环法》

---

① 栾维新,阿东.中国海洋功能区划的基本方案[J].人文地理,2002,17(3):93-95;曹可.海洋功能区划的基本理论与实证研究[D].大连:辽宁师范大学,2004:4-5;栾维新 等著.海陆一体化建设研究[M].北京:海洋出版社,2004:219-220;徐祥民,申进忠.海洋环境的法律保护研究[M].青岛:中国海洋大学出版社,2006:89.

中得以确立的,该法的第6条明确规定"国家海洋行政主管部门会同国务院有关部门和沿海省、自治区、直辖市人民政府拟定全国海洋功能区划,报国务院批准。沿海地方各级人民政府应当根据全国和地方海洋功能区划,科学合理地使用海域。"①然而,该法并未对海洋功能区划制度的具体内容作出规定。直到2001年,《海域法》在其第2章以专章的形式对"海洋功能区划"制度进行了具体规定,这明确表明了海洋功能区划制度的法律地位不再是一种单纯工作上的或者技术方面的规划,而是一种由国家实行的制度。海洋功能区划是一种体现了国家的主权、利益、管理原则和发展方向的法定制度,或者说,海洋功能区划已经通过《海域法》的规定,使之制度化、法制化。②

《海域法》在其第1条便开宗明义地阐明了其立法宗旨:"加强海域使用管理,维护国家海域所有权和海域使用权人的合法权益,促进海域的合理开发和可持续利用"。③ 有研究者认为《海域法》纵然有上述多项目标,但其最终目标还是"促进海域的可持续利用"。④ 本书同意此种观点,因为之所以制定《海域

---

① 第五届全国人民代表大会常务委员会. 中华人民共和国海洋环境保护法［EB/OL］.［2011 - 03 - 12］. http://baike. baidu. com/view/250729. htm? fromenter＝％BA％A3％D1％F3％BB％B7％BE％B3％B1％A3％BB％A4％B7％A8.

② 卞耀武,曹康泰,王曙光. 中华人民共和国海域使用管理法释义［M］.北京:法律出版社,2002:9.

③ 第九届全国人民代表大会常务委员会. 中华人民共和国海域使用管理法［EB/OL］.［2011 - 04 - 02］. http://baike. baidu. com/view/277454. htm? fromenter＝％BA％A3％D3％F2％CA％B9％D3％C3％B9％DC％C0％ED％B7％A8.

④ 吕彩霞. 关于《海域使用管理法》有关条款的阐释［J］.海洋开发与管理,2001(6):21 - 27.

法》,其中一个很主要的原因就是之前的海域使用是处在一种"无序"、"无度"、"无偿"的状态,致使我国的海洋资源遭到了巨大的破坏,也对海洋环境产生了严重的负面影响。要想达到"促进海域的可持续利用"这一最终目标,海洋功能区划可以说起着基础性的作用。且不说"海洋功能区划"以专章的篇幅占据了《海域法》除总则外的首要位置便对其重要性可见一斑,只说其在《海环法》中的分量亦极为突出:《海环法》第 7 条规定了"国家根据海洋功能区划制定全国海洋环境保护规划和重点海域区域性海洋环境保护规划",第 24 条规定了"开发利用海洋资源,应当根据海洋功能区划合理布局,不得造成海洋生态环境破坏",第 30 条规定了"入海排污口的位置的选择,应当根据海洋功能区划、海水动力条件和有关规定,……",第 47 条规定了"海洋工程建设项目必须符合海洋功能区划、海洋环境保护规划和国家有关环境保护标准,……"以上这些条文充分说明了海洋功能区划在海洋环境保护中的重要作用;而除了上述这些明确提及"海洋功能区划"的条文外,实际上,《海环法》关于设定和保护海洋自然保护区、海洋特别保护区、重要渔业水域、海滨风景名胜区、其他需要特别保护的区域、海洋倾倒区及港区水域的一系列相关规定均是以"海洋功能区划"作为基础的。所以,可以毫不夸张地说,《海环法》的制定在很大程度上是以"海洋功能区划"为基础的,此亦足以作为"海洋功能区划"之于海洋环境保护的重要性明证。

海洋功能区划制度的实行亦为海洋环境保护提供了科学依据,并且尤为重要的是,《海域法》第 4 条明确规定:"海域使用必须符合海洋功能区划"。这就是说,任何海域的合法使用都必须以符合该区域的海洋功能区划为前提,凡是不符合海洋功能区划的用海项目将不会得到批准。通过海洋功能区划的实施可以明确海域的主导功能、次导功能和需要限制的功能,①从而控制引导海域使用的方向,协调和解决各种用海行为间的矛盾,保护和改善海洋生态环境,促进海洋资源的可持续利用。

---

① 韩立民,陈艳.海域使用管理的理论与实践[M].青岛:中国海洋大学出版社,2006:157.

第 3 章　我国海洋功能区划的 法律分析

3.1　实施范围的法律分析

3.1.1　外部界限

如前所述,海洋功能区划制度虽然是在 1999 年修订后的《海环法》中得以确立的,而真正得到发展和细化却是在《海域法》出台之后。此处需要注意的是,这两部法律在其空间适用范围上有所差别:①《海环法》第 2 条规定,"本法适用于中华人民共和国内水、领海、毗连区、专属经济区、大陆架以及中华人民共和国管辖的其他海域;……在中华人民共和国管辖海域以外,造成中华人民共和国管辖海域污染的,也适用本法"[①]。②《海域法》第 2 条规定,"本法所称海域,是指中华人民共和国内水、领

　　① 第五届全国人民代表大会常务委员会. 中华人民共和国海洋环境保护法[EB/OL]. [2011 - 03 - 12]. http://baike. baidu. com/view/250729. htm? fromenter＝％BA％A3％D1％F3％BB％BE％B3％B1％A3％BB％A4％B7％A8.

海的水面、水体、海床和底土"①。从以上的规定可以看出,《海环法》的空间适用范围远比《海域法》广得多,只要是我国管辖的海域,无论是拥有主权还是拥有主权权利,《海环法》均可适用,甚至我国管辖海域之外,只要造成了我国管辖海域的污染,也都可适用《海环法》。这说明《海环法》还具有域外效力,而《海域法》的适用范围则仅限于适用我国拥有主权的内水和领海。这是否意味着"海洋功能区划"若按照《海环法》的规定,则其实施范围可覆盖我国所管辖的所有海域,而若按照《海域法》的规定,其实施范围的外部界限则止于我国领海的外部界限,即两部法律适用范围的不同是否构成了海洋功能区划实施范围的法律冲突呢? 本书认为,答案是否定的。《海环法》和《海域法》对于"海洋功能区划"在内容上的规定并无矛盾冲突之处,其对适用范围规定的不同,应看成是对海洋功能区划实施范围的一种法律衔接,即在领海向海一侧我国管辖海域中实施的海洋功能区划的法律依据为《海环法》,而在我国内水和领海中实施的海洋功能区划则由《海环法》和《海域法》共同调整。

同时,由于《海环法》和《海域法》均为全国人大常委会所制定的规范性文件,所以在法律层级上同处于"一般法律"的地位,无高低之分,但两者在"海洋功能区划"的实际运用中却有轻重之别。

本书分别对《海环法》和《海域法》进行了统计。《海环法》中

① 第九届全国人民代表大会常务委员会. 中华人民共和国海域使用管理法 [EB/OL]. [2011 - 03 - 12]. http://baike. baidu. com/view/277454. htm? fromenter=％BA％A3％D3％F2％CA％B9％D3％C3％B9％DC％C0％ED％B7％A8.

明确提到"海洋功能区划"共有 8 处,分别是在第 2 章"海洋环境
监督管理"①、第 3 章"海洋生态保护"②、第 4 章"防治陆源污染
物对海洋环境的污染损害"③、第 6 章"防治海洋工程建设项目
对海洋环境的污染损害"④以及第 10 章"附则"⑤中提出的,其中
附则中提到的"海洋功能区划"属于名词解释,所以在《海环法》
中明确提及"海洋功能区划"并对其设有相关制度安排的只有 7
处,分散在各相关章节中。观之《海域法》,其明确提及"海洋功
能区划"的共有 22 处,扣除标题的 1 次行文,则对其设有具体制
度安排的行文总计为 21 处。需要指出的是,《海域法》的第 2 章
就是以专章(标题为"海洋功能区划")的形式对海洋功能区划制

---

① 《海环法》第 6 条:国家海洋行政主管部门会同国务院有关部门和
沿海省、自治区、直辖市人民政府拟定全国海洋功能区划,报国务院批准;
沿海地方各级人民政府应当根据全国和地方海洋功能区划,科学合理地
使用海域;
第 7 条:国家根据海洋功能区划制定全国海洋环境保护规划和重点海域
区域性海洋环境保护规划。

② 《海环法》第 24 条:开发利用海洋资源,应当根据海洋功能区划合
理布局,不得造成海洋生态环境破坏。

③ 《海环法》第 30 条:入海排污口位置的选择,应当根据海洋功能区
划、海水动力条件和有关规定,经科学论证后,报设区的市级以上人民政
府环境保护行政主管部门审查批准;在有条件的地区,应当将排污口深海
设置,实行离岸排放。设置陆源污染物深海离岸排放排污口,应当根据海
洋功能区划、海水动力条件和海底工程设施的有关情况确定,具体办法由
国务院规定。

④ 《海环法》第 47 条:海洋工程建设项目必须符合海洋功能区划、海
洋环境保护规划和国家有关环境保护标准,在可行性研究阶段,编报海洋
环境影响报告书,由海洋行政主管部门核准,并报环境保护行政主管部门
备案,接受环境保护行政主管部门监督。

⑤ 《海环法》第 95 条:海洋功能区划,是指依据海洋自然属性和社会
属性,以及自然资源和环境特定条件,界定海洋利用的主导功能和使用
范畴。

度进行了规定,这21处行文中即有很大一部分便是集中该章中的。对上述的区别总结在表3-1。

表3-1　《海环法》与《海域法》中"海洋功能区划"的区别统计表

项目 法律	总次数* （次）	有效次数** （次）	法条总数 （条）	有效次数/法条总数 （次/条）	专章 与否
《海环法》	8	7	98	0.071	否
《海域法》	22	21	54	0.389	是

* 总次数:该部法律中提到"海洋功能区划"的总次数。
* * 有效次数:该部法律中提到"海洋功能区划"并对其设有具体制度安排的次数。

通过上文的总结,可以很清晰地看出,无论是从实质(有效次数/法条总数)上还是形式(专章与否)上考量,对于内水和领海中"海洋功能区划"这一制度的设置,《海域法》应看成是"特别法",而《海环法》则为"一般法"。因为两部法律对于海洋功能区划的规定并无内容上冲突之处,所以不存在仅适用特别法而不适用一般法的情形,只是《海域法》在适用程度上较《海环法》更重一些。

根据《海域法》第10条①的规定,海洋功能区划可分为全国海洋功能区划和地方海洋功能区划(包括省、市、县三级)两个层次,全国海洋功能区划主要由国务院海洋行政主管部门负责,地方海洋功能区划则主要由地方海洋行政主管部门负责。从上文的分析可知,我国海洋功能区划实施范围的外部界限即为我国管辖海域的外部界限,其实施范围覆盖了我国的内水、领海、毗

---

① 《海域法》第10条:国务院海洋行政主管部门会同国务院有关部门和沿海省、自治区、直辖市人民政府,编制全国海洋功能区划;沿海县级以上地方人民政府海洋行政主管部门会同本级人民政府有关部门,依据上一级海洋功能区划,编制地方海洋功能区划。

连区、专属经济区、大陆架以及我国管辖的其他海域,这实际上指的是全国海洋功能区划实施范围的外部界限,而地方海洋功能区划实施范围的外部界限尚需进一步探讨。

根据我国目前现行的 2006 版《海洋功能区划技术导则》(GB/T 17108‐2006),地方海洋功能区划实施范围的外部界限为领海的外部界限;①而根据广东省人民政府发布的《广东省人民政府印发广东省海洋功能区划文本的通知》②所附《广东省海洋功能区划文本》(该《文本》是经国务院批准的)第 5 条的内容,广东省海洋功能区划的范围包括了内水、领海和专属经济区。本书对此问题作如下探讨:根据《联合国海洋法公约》、《中华人民共和国领海及毗连区法》和《中华人民共和国专属经济区和大陆架法》的相关规定,我国对于内水和领海享有国家主权,而对毗连区、专属经济区、大陆架以及我国管辖的其他海域仅拥有主权权利而非国家主权,这就使得如果我国在内水和领海之外的其他管辖海域实施海洋功能区划,就会或多或少地牵涉到外交层面的事务,而外交层面的事务已超出了地方政府及其职能部门的行政权限,所以地方海洋功能区划实施范围的外部界限应止于领海的外部界限。

这里需要特别说明三点:①此处提及的"地方海洋功能区划实施范围的外部界限应止于领海的外部界限"并不是指地方海

---

① 中华人民共和国国家质量监督检验检疫总局,中国国家标准化管理委员会.《海洋功能区划技术导则》(GB/T 17108‐2006)[S]:2.

② 广东省人民政府.广东省人民政府印发广东省海洋功能区划文本的通知[EB/OL].[2011‐04‐21].http://china.findlaw.cn/jingjifa/haiyanghuanjingbaohufa/haiyanghuanjingbaohufagui/20110401/88918.html.

洋行政主管部门不能开展或参与我国内水和领海之外其他管辖海域的海洋功能区划工作，而仅指"地方海洋功能区划"这一功能区划本身的地理实施范围应止于领海的外部界限，这是两个不同的概念；②地方海洋行政主管部门应在得到国家海洋行政主管部门的授权后方可开展或参与我国内水和领海之外其他管辖海域的海洋功能区划工作，且其成果应纳入全国海洋功能区划的范畴，而不是纳入该地方海洋功能区划的范畴；③即便地方海洋行政主管部门在得到授权后完全依靠地方自身的努力，开展了我国内水和领海之外其他管辖海域中的某一海域的海洋功能区划并获得了国家海洋行政主管部门的认可，也不能以地方的名义来公布此海洋功能区划成果，而是应交由国家海洋行政主管部门来统一择机公布。

综上所述，我国全国海洋功能区划实施范围的外部界限为我国管辖海域的外部界限，其实施范围覆盖了我国的内水、领海、毗连区、专属经济区、大陆架以及我国管辖的其他海域；我国地方海洋功能区划实施范围的外部界限为我国领海的外部界限，其实施范围覆盖了我国的内水和领海。

尽管从法理上我国拥有在内水和领海之外其他管辖海域中开展海洋功能区划的权力，但目前为止，我国的海洋功能区划都基本局限在内水和领海之中，本书认为，应尽早在我国内水和领海之外的其他管辖海域开展海洋功能区划，使得海洋功能区划的实施范围能保持现实与法律的一致。本书从法理及国际实践两个方面来阐述在我国内水和领海之外的其他管辖海域开展海洋功能区划的紧迫性。

从法理上看，主要有以下几个依据：

（1）如果对我国内水和领海之外的其他管辖海域不抓紧开

展切实有效的海洋功能区划,那么将有可能会产生"无偿、无度、无序"使用这些海域的情况,更为严重的是,这可能将破坏内水及领海的海洋功能区划目标的可达性。

(2) 海洋功能区划在本质上应属于行政行为,而行政行为一个很重要的特征就是其应该是行政主体表示于外部的一种意志,这种意志既包括法律的宣示,亦包括实践的证明。如果对内水和领海之外的其他管辖海不抓紧开展切实有效的海洋功能区划,那么我国管辖上述海域的意志就无法现实地表现出来,也就无法被外界直观地识别,将极大地损害我国的海洋权益。

(3) 2011 年 3 月 16 日正式发布的《中华人民共和国国民经济和社会发展第十二个五年规划纲要》中明确指出要发展七大战略性新兴产业,①其中的高端装备制造业备受瞩目,因为它是我国从"大国"走向"强国"的必由之路,而海洋工程便是高端装备制造业中极为重要的一环。可以想象,在未来的五年,我国的各项涉海技术将蓬勃发展,海洋的开发、利用和保护也绝不会仅局限在内水和领海这一"方寸之海",必将如火如荼地延伸至我国内水和领海之外的其他管辖海域。如果在上述海域不抓紧开展海洋功能区划,那么势必将严重影响后续长期一段时间的管海及依法用海的需求。

(4) 国际法虽然确保各国有按照自己的环境与发展政策开发本国自然资源的主权权利,但并不意味着国际法允许一国可以在自己的管辖范围内为所欲为而丝毫不考虑别国和整个国际

---

① 这七大战略性新兴产业是:节能环保、新一代信息技术、生物、高端装备制造、新能源、新材料、新能源汽车。

社会的利益①(即"不损害他国"的国际法原则②),更遑论是在他国内水和领海之外的其他管辖海域内进行无管制的海域使用活动,所以从国际法的角度看,我国也应抓紧在上述海域内开展海洋功能区划,以确保本国的海洋权益免遭侵害。

从国际实践看,目前虽然尚未在全球范围内开展系统、权威、统一的海洋功能区划,但为了保护海洋环境和海洋生物多样性,在许多区域性海域,甚至公海,都采取了空间管制措施。本节以公海为例,阐述目前国际上基于海洋环境资源保护所采取的空间管制措施。

从目前看,公海上现有的基于海洋环境资源保护所采取的空间管制措施,还处在一种零散的状态,不能算得上是一份完整的公海海洋功能区划。③ 目前,在公海上所采取的各种基于海洋环境资源保护所采取的空间管制措施归纳于表3-2。虽然这些空间管制措施不是一份完整的公海海洋功能区划,但是不可否认,这些措施均可作为未来制定完整公海海洋功能区划的基础依据。若将视野缩小到各个制度安排之内,那么这些措施在各自的海域内扮演的则皆是海洋功能区划的角色。

---

① 赵亚娟. 对日本秘密海运极端危险核物质的法律思考[J]. 中国海洋法学评论,2005,(1):105-116.

② 早在1949年的"The Corfu Channel Case"中,国际法院就认为每一国均有义务"不故意允许将其领土用于为与其他国家之权利相悖的行为";而在Trail冶炼厂仲裁案中,仲裁庭也认为"任何一国均无权使用或允许如此使用其领土,以致烟雾损及另一国领土或在另一国领土内造成损害"。参见R. R. Churchill and A. V. Lowe. The Law of the Sea [M]. Manchester: Manchester University Press, 1999:333.

③ Jeff Ardron, Kristina Gjerde, Sian Pullen, Virginie Tilot. Marine spatial planning in the high seas [J]. Marine Policy, 2008,(32): 832-839.

表 3-2　公海上基于海洋环境资源保护所采取的空间管制措施汇总表

安　排	现　有　的　措　施
区域渔业管理组织	(1) 东南大西洋渔业组织(SEAFO)：10 个禁止底钓区域 (2) 东北大西洋渔业委员会(NEAFC)：8 个禁止底钓区域 (3) 西北大西洋渔业组织(NAFO)：4 个禁止底钓区域 (4) 地中海渔业总理事会(GFCM)：3 个禁止拖网捕鱼区域和禁止范围超过 1 000 米的拖网捕鱼作业 (5) 南太平洋地区渔业管理组织(SPRFMO)①：拖网捕鱼的预警限制
区域海洋公约	(1) 巴塞罗那公约(Barcelona Convention)：符合地中海区域利益的海洋生物特别保护区 (2) 保护东北大西洋海洋环境公约(OSPAR Convention)：葡萄牙在其声明的大陆架延伸区域建立了一个海洋保护区
南极条约和南极海洋生物资源保育公约	(1) 南极条约：16 个南极特别保护区,3 个南极特别管理区 (2) 南极海洋生物资源保育公约：若干个特定物种的禁捕区,2 个全面禁捕区,南极海洋生物资源保育公约中生态系统监测项目的 2 个监测点,全区域禁止刺网捕鱼和拖网捕鱼
其他国际公约	(1) 国际海事组织[通过《防止船舶污染海洋的国际公约》(MARPOL)]：2 个 SA (2) IMO 也可指定 PSSA,但其都在国家管辖区域之内 (3) 国际捕鲸委员会：3 个海洋盆地鲸鱼保护区
国际协定	(1) 关于地中海海洋哺乳动物的海洋生物保护区协定(意大利、法国、摩纳哥) (2) 关于处理皇家邮轮泰坦尼克号海难的协议(美国、英国、[法国]、[加拿大]——方括号内的国家尚未批准)

---

　　①　此处的"南太平洋地区渔业管理组织"在原文献中为"尚在筹备中",而该组织已于 2009 年 11 月 14 日通过了国际磋商会议的最后决议,并正式成立。参见 South Pacific Regional Fisheries Management Organisation. ABOUT THE SPRFMO [EB/OL]. [2011 - 03 - 17]. http://www. southpacificrfmo. org/about-the-sprfmo/.

续　表

安　排	现　有　的　措　施
政府间国际组织自发性措施	太平洋岛屿论坛：一个关于在西太平洋热带岛屿区域实施拖网捕鱼预警限制的部长级会议 南印度洋深海渔业联盟：4个自发的禁止拖网捕鱼的海丘区域

资料来源：Jeff Ardon. Overview of Existing High Seas Spatial Measures and Proposals with Relevance to High Seas Conservation（August 2007）［R］. http://www. cbd. int/doc/meetings/mar/ewsebm-01/other/ewsebm-01-ardron-en. pdf：ii-iii.

由于公海是在所有国家管辖权以外存在的海域（公海中属于沿海国管辖的"外大陆架"除外），若国际实践都已在公海中实施了海洋空间管制措施，则我国就更应抓紧在内水和领海之外的其他管辖海域开展海洋功能区划，以确保我国的海洋权益得到最大的维护。

3.1.2　内部界限

上述讨论仅解决了我国海洋功能区划实施范围的外部界限问题，下面对我国海洋功能区划实施范围的内部界限问题作一阐述。

如上所述，海洋功能区划的实施范围覆盖了我国的内水、领海、毗连区、专属经济区、大陆架以及我国管辖的其他海域。其中的"内水"，是指"中华人民共和国领海基线向陆地一侧至海岸线的海域"[①]，这里的"内水"实际上指的就是"内海水"。从中不难看出，我国海洋功能区划实施范围的内部界限即止于海岸线，

---

① 第九届全国人民代表大会常务委员会. 中华人民共和国海域使用管理法［EB/OL］.［2011-03-10］. http://baike. baidu. com/view/277454. htm? fromenter＝％BA％A3％D3％F2％CA％B9％D3％C3％B9％DC％C0％ED％B7％A8.

从而只要明确海岸线,就能确定海洋功能区划实施范围的内部界限。

关于海岸线的确定问题,查士丁尼认为,"海岸,依冬季最高潮所及之处为范围"[①]、"海滨(litus)是最大海浪所及的地方"[②];保罗在《论告示》中亦持相近观点——与被出卖的土地相连接的海滨不能计算在(被出卖的土地)内,因为它们不属于任何人。[③]从这些规定可以看出,罗马法明确区分了土地和海洋的界限,且以最高潮线作为陆海界线。从现代国家的立法看,水陆分界线也多以高潮线为准,例如:①在我国现行的《地形图图式国家标准》中规定,"海岸线是平均大潮高潮的痕迹所形成的水陆分界线,一般可根据当地的海蚀坎部、海滩堆积物或海滨植被确定"[④];②在我国现行的《海图图式国家标准》中规定,"海岸线是指平均大潮高潮时水陆分界的痕迹线,一般可根据当地的海蚀阶地、海滩堆积物或海滨植物确定"[⑤];③英国和美国亦认为,海域的上限为平均高潮线。[⑥] 另外,在已经修建了防潮坝的海域,如果平均大潮高潮波及防潮坝,那么防潮坝就是人工海岸线;如果平均大潮高潮不能波及防潮坝,仍应以平均大潮高潮线为海

---

① [古罗马]查士丁尼.法学阶梯[M].北京:中国政法大学出版社,1999:111.

② [意]桑德罗·斯契巴尼选编,范怀俊译.物与物权[M].北京:中国政法大学出版社,1999:10.

③ 同上:12.

④ 国家技术监督局.地形图图式(GB/T 7929 - 1995)[S],1996 - 05 - 01实施.第53页.

⑤ 海军司令部.中国海图图式(GB/T 12319 - 1998)[S],1999 - 05 - 01实施.第11页.

⑥ 李永军.海域使用权研究[M].北京:中国政法大学出版社,2006:10.

岸线①。上述规定和实践的存在,使"海岸线"得以具体化,从而确定了海洋功能区划实施范围的内部界限。然而,在具体实践中,尚有问题需要明确,主要集中在:①滩涂、②填海项目竣工后形成的土地、③低潮高地及海岛。分叙如下。

(1) 对于滩涂是属于"海域"还是属于"陆地"的问题,实务界和学术界已争论有年了,本书认为,应追根溯源,从滩涂的定义入手进行探讨。根据全国科学技术名词审定委员会的定义,"滩涂"系指"最高潮线与最低潮线之间底质为沙砾、淤泥或软泥的岸区"或"地面高程介于高、低潮位之间,由海洋向陆地的过渡地带",英文名称为"intertidal mudflat"或"tidal flat"②。从定义中可以看出,"滩涂"实际上是"海滩"、"河滩"和"湖滩"的总称,而"河滩"和"湖滩"明显不属于"内海水"的范畴,故不在本书考虑之内。由于海岸线指的是平均大潮高潮线,故而"海滩"明显应包括其中,所以海洋功能区划的实施范围应覆盖"海滩"。

(2) 对于填海项目竣工后形成的土地,有学者认为,其仍然属于"海域",应仍然适用《海域法》的有关规定;亦有学者认为,海域一经围垦,已完全具有了土地的属性,应当遵循《土地管理法》的有关规定进行管理更为科学合理③。本书认为从《海域法》第 32 条,即"海域使用权人应自填海项目竣工之日起 3 个月内,凭海域使用权证书,向县级以上人民政府土地行政主管部门

---

① 王铁民. 对《海域使用管理法》有关条款的理解[J]. 海洋开发与管理,2002,(1):35 - 41.

② 全国科学技术名词审定委员会. "滩涂"的科技名词定义[EB/OL]. [2011 - 03 - 16]. http://baike.baidu.com/view/330540.htm.

③ 吕彩霞.《中华人民共和国海域使用管理法》有关条文的理解[N]. 中国海洋报,2001 -12 -25.

提出土地登记申请，由县级以上人民政府登记造册，换发国有土地使用权证书，确认土地使用权”①的规定中不难看出，《海域法》将填海后形成的土地视为土地的一部分，排除了自身对其的管辖，所以海洋功能区划的实施范围不应覆盖“填海项目竣工后形成的土地”。

（3）对于低潮高地及海岛的问题，应首先明确其法律定义。国际上对于“低潮高地”和“海岛”的权威定义分别在《联合国海洋法公约》的第 13 条第 1 款②和第 121 条第 1 款③中进行了明确的阐述。观之我国，2010 年 3 月 1 日起开始施行的《海岛保护法》(以下简称《海岛法》)首次对这两个重要的涉海概念进行了法律定义。《海岛法》第 2 条第 2 款规定：“本法所称海岛，是指四面环海水并在高潮时高于水面的自然形成的陆地区域，包括有居民海岛和无居民海岛”；《海岛法》第 57 条第 3 款规定：“低潮高地，是指在低潮时四面环海水并高于水面但在高潮时没入水中的自然形成的陆地区域”④。可以看出，我国对于“低潮高地”和“海岛”的法律定义是沿袭了《联合国海洋法公约》中的

---

① 第九届全国人民代表大会常务委员会. 中华人民共和国海域使用管理法［EB/OL］. ［2011 - 03 - 16］. http://baike. baidu. com/view/277454. htm? fromenter＝％BA％A3％D3％F2％CA％B9％D3％C3％B9％DC％C0％ED％B7％A8.

② 《联合国海洋法公约》第 13 条第 1 款：“低潮高地是在低潮时四面环水并高于水面但在高潮时没入水中的自然形成的陆地。”参见傅崐成. 海洋法相关公约及中英文索引［M］. 厦门：厦门大学出版社，2005：5.

③ 《联合国海洋法公约》第 121 条第 1 款：“岛屿是四面环水并在高潮时高于水面的自然形成的陆地区域。”参见傅崐成. 海洋法相关公约及中英文索引［M］. 厦门：厦门大学出版社，2005：43.

④ 第十一届全国人民代表大会常务委员会. 中华人民共和国海岛保护法［EB/OL］. ［2011 - 03 - 17］. http://www. gov. cn/flfg/2009-12/26/content_1497461. htm.

提法,在笔者看来,如果借鉴"低潮高地"的提法,"海岛"本质上其实就是一种"高潮高地"。在明确了低潮高地和海岛的法律定义之后,就应辨明其自然属性。非常明显,低潮高地的自然属性更接近于海洋,而本质上属于"高潮高地"的海岛,其自然属性则更接近于陆地。所以,海洋功能区划的实施范围应覆盖"低潮高地",而不应覆盖"海岛"。这里需提及的是,在《海洋功能区划技术导则》中对于海洋功能区划的定义是覆盖"海岛"的①,但本书认为此定义所指范围覆盖"海岛"的海洋功能区划,并不是要对海岛内部的陆地部分进行功能区划,而是将海岛及其周遭水域作为一个整体来进行功能区划,所以本质上还是对"海"而不是对"岛"的功能区划。

3.2 法律地位探讨

3.2.1 中国行政法律渊源及其效力梳理

由于《海域法》隶属于行政法律体系,所以在对《海域法》所规定的"海洋功能区划"的现有法律地位进行分析前,有必要先对当代中国行政法的渊源作一梳理。

当代我国法的渊源采用的是以各种制定法为主的正式的法的渊源,它们有各种不同的层次和范畴。② 我国著名行政法学者马怀德教授认为,从行政法与法规范体系的关系而言,我国行

---

① "海洋功能区划"是按照海洋功能区的标准,将海域及海岛划分为不同类型的海洋功能区,是为海洋开发、保护与管理提供科学依据的基础性工作。参见中华人民共和国国家质量监督检验检疫总局,中国国家标准化管理委员会.《海洋功能区划技术导则》(GB/T 17108-2006)[S]:1.

② 张文显主编.法理学(第三版)[M].北京:法律出版社,2007:133.

政法的渊源有以下几种形式：宪法、法律、行政法规、地方性法规、民族自治条例和单行条例、行政规章（包括部门规章和地方性规章）、国际条约、法律解释、其他行政法渊源。① 在此需要明确的是，此处所指的"法律解释"是指"有权机关对法律、法规、规章所作的解释"②，且"法律解释权仅限于法定的有权机关，学理解释和非有权机关进行的解释不是行政法渊源"③。另外，马怀德教授此处所指的"其他行政法渊源"是指"行政机关与党派、群众团体等联合发布的行政法规、规章等文件"④，由此可见，马怀德教授此处提及的"其他行政法渊源"在本质上还是"行政法规、规章"，也就是说，他认为行政规章以下的规范性文件并不是行政法的渊源。

　　在我国行政法学理上，对行政规章以下的规范性文件的称呼很不一致，最近的趋势是统称为"行政规范"⑤。"行政规范"即是指"各级各类国家行政机关为实施法律和执行政策，在法定权限内制定的除行政法规和规章以外的具有普遍约束力和规范体式的决定、命令等的总称。"⑥关于行政规范是否是行政法的形式渊源，我国的主流观点一直给予了否定的回答，⑦但它们在

---

　　①　马怀德主编. 行政法与行政诉讼法（最新修订）［M］. 北京：中国法制出版社，2007：10－13.

　　②　同上：13 页.

　　③　同上。

　　④　马怀德主编. 行政法与行政诉讼法（最新修订）［M］. 北京：中国法制出版社，2007：13.

　　⑤　杨海坤，章志远. 中国行政法基本理论研究［M］. 北京：北京大学出版社，2004：135.

　　⑥　叶必丰，周佑勇. 行政规范研究［M］. 北京：法律出版社，2002：33－34.

　　⑦　杨海坤，章志远. 中国行政法基本理论研究［M］. 北京：北京大学出版社，2004：135.

实际生活中的作用也是毋庸置疑的,法治并不一概排除这些行政规范的效力。① 所以在 20 世纪 80 年代末期,曾有学者主张行政规范也是我国行政法的渊源,例如:张尚鷟教授就认为,行政法的渊源不仅包括宪法典、法律、法规和规章,还包括各级各类行政主体所制定的具有普遍约束力的决定、命令和行政措施等,也就是说,县、乡人民政府所制定的行政规范也是我国行政法的渊源;②皮纯协教授也指出,省辖市、县、乡(镇)各级人民政府发布的有关行政管理的规范性文件,在其所属行政区域范围内具有强制性,也应当是行政法的渊源。③

根据《行政诉讼法》第 52 条和第 53 条的规定,人民法院审理行政案件是:①以法律和行政法规、地方性法规(适用于本行政区域内发生的行政案件)、民族自治地方的自治条例和单行条例(适用于本民族自治地方内发生的行政案件)为依据的;②参照国务院部、委制定和发布的规章,以及省、自治区、直辖市和省、自治区的人民政府所在地的市和经国务院批准的较大的市的人民政府制定和发布的规章。④《最高人民法院关于执行〈中华人民共和国行政诉讼法〉若干问题的解释》⑤的第 62 条第 2

---

① 应松年主编. 当代中国行政法(上卷)[M]. 北京:中国方正出版社,2005:46.

② 张尚鷟. 行政法教程[M]. 北京:中央广播电视大学出版社,1988:39-40.

③ 皮纯协主编. 中国行政法教程[M]. 北京:中国政法大学出版社,1988:12.

④ 第七届全国人民代表大会. 中华人民共和国行政诉讼法[EB/OL]. [2011-02-11]. http://www. gov. cn/flfg/2006-10/29/content_1499268. htm.

⑤ 最高人民法院. 最高人民法院关于执行《中华人民共和国行政诉讼法》若干问题的解释[EB/OL]. [2011-02-11]. http://qdqfy. chinacourt. org/public/detail. php? id=76&apage=1.

款规定"人民法院审理行政案件,可以在裁判文书中引用合法有效的规章及其他规范性文件",此处的"其他规范性文件"即是上文所指的"行政规范",由此《解释》可见,人民法院在审理行政案件时只是"可以"引用规章和行政规范,并不必然受其约束,这与《行政诉讼法》第52条和第53条的行文表述也正好契合。所以完全可以这么说,行政规范对法院并不具有法律上的必然拘束力,行政规范只是在一定范围内可以作为行政主体实施行政行为以及人民法院审理行政案件的依据。

由上可见,无论在法理,抑或现行的成文法条上,行政规范都是被主流观点排除在行政法渊源之外的。至于行政规范的效力如何,在我国的《行政诉讼法》、《行政复议法》和《立法法》中亦无明确规定,但从上述的讨论中,应不难推知行政规范的效力必然低于上述的几种行政法渊源。

本书根据《中华人民共和国立法法》①第78—82条,综合我国法学界的主流观点,对中国行政法规范性文件(包括行政法渊源和行政规范)效力层次的一般规则作一梳理,如图3-1所示。

从图3-1中可以看出,我国行政法规范性文件的效力层次排序为:①宪法的效力为最高;②法律的效力次之;③行政法规的效力为第三;④地方性法规和国务院部门规章的效力为第四;⑤地方政府规章的效力若与地方性法规相比则较低,若与部门规章相比则无效力高低之分;⑥行政规范的效力则处于规范性文件法律效力的最低一级。

---

① 第九届全国人民代表大会. 中华人民共和国立法法[EB/OL]. [2011 - 02 - 11]. http://www. gov. cn/test/2005-08/13/content_22423. htm.

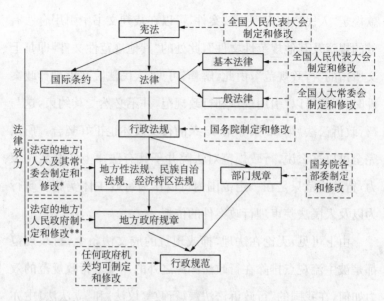

* 此处的"法定的地方人大及其常委会"系指：省、自治区、直辖市、省和自治区人民政府所在地的市、经济特区所在地的市和经国务院批准的较大的市的人民代表大会及其常委会。

* * 此处的"法定的地方人民政府"系指：省、自治区、直辖市以及省级人民政府所在地的市和经国务院批准的较大的市的人民政府。

注：由于版式的限制，此图中只明确了各层级规范性文件的制定和修改主体，并未包括制定和修改该规范性文件程序方面的要求。

图 3-1 中国行政法规范性文件效力层次图

3.2.2 海洋功能区划"制度"及"成果"的法律地位探讨

3.2.2.1 海洋功能区划"制度"及"成果"的现有法律地位

在进行更深层次的探讨前，这里需要将两个容易混淆的概念作一辨析，本书将之定名为"海洋功能区划制度"和"海洋功能区划成果"，此两概念往往在"海洋功能区划"提法的覆盖下丧失了本应相对独立的内容范畴。本书所谓之"海洋功能区划制度"系指规定在《海域法》第2章的包括海洋功能区划的编制机关、编制原则及审批修改程序等一系列制度。"海洋功能区划成果"系指按照法定程序和法定权限编制完成的，并经政府主管机关审批认可，予以实施的海洋功能区划方案，根据国家海洋局

2007 年发布的《海洋功能区划管理规定》①的第 15 条,"海洋功能区划成果"包括文本、登记表、图件、编制说明、区划报告、研究资料、信息系统等。

《海域法》在其第 2 章以专章的形式明确规定了"海洋功能区划制度",包括了海洋功能区划的编制机关、编制原则及审批修改程序等一系列制度。《海域法》是于 2001 年 10 月 27 日由中华人民共和国第九届全国人民代表大会常务委员会通过的,并且其程序完全符合《立法法》第 2 章第 3 节关于"全国人民代表大会常务委员会立法程序"的规定,所以毫无疑问,《海域法》属于图 3 - 1 中的"一般法律"层级,具有仅次于宪法和基本法律的法律效力。因此,由《海域法》所直接规定的"海洋功能区划制度"的效力应当与《海域法》具有同等的法律效力,即亦属于"一般法律"的层级。也正是这个原因,海洋功能区划制度在全国,从中央到地方均得到了贯彻和落实,对海洋环境保护与有序开发起了极大的促进作用。但与此不同的是,"海洋功能区划成果"的法律地位却需要进一步加以分析。

根据《海域法》第 10 条和第 12 条的规定:①全国海洋功能区划,系由国务院海洋行政主管部门会同国务院有关部门和沿海省、自治区、直辖市人民政府共同编制,并需经国务院批准;②地方海洋功能区划,系由沿海县级以上地方人民政府海洋行政主管部门会同本级人民政府有关部门,依据上一级海洋功能区划进行编制,省级的海洋功能区划需经该省级人民政府审核

---

① 国家海洋局.关于印发《海洋功能区划管理规定》的通知(国海发〔2007〕18 号)[EB/OL].[2011 - 02 - 12]. http://www.gov.cn/zwgk/2007-07/30/content_701056.htm.

同意后,报国务院批准,市级和县级的海洋功能区划须经同级人民政府审核同意后,报所在省的省级人民政府批准,并报国务院海洋行政主管部门备案。① 需要明确的是,此处法条中所指的"海洋功能区划"即为本书所谓之"海洋功能区划成果"。

在实际的操作中,全国海洋功能区划成果是国土资源部(管辖国家海洋行政主管部门)以"请示"的方式上报国务院,国务院再以"批复"的形式予以确认,并由国家海洋行政主管部门发布实施;②类似的,省级的海洋功能区划成果是省级人民政府以"请示"的方式上报国务院,国务院再以"批复"的形式予以确认,但并未有后续明确的发布公示程序,而是按照"批复"进行修改后直接施行,例如,《国务院关于福建省海洋功能区划的批复》③;市级和县级的海洋功能区划成果是该同级人民政府以"请示"的方式上报所在省的省级人民政府,该省级人民政府再以"批复"的形式予以确认,但同样的,并未有后续明确的发布公示程序,而是按照"批复"进行修改后直接施行,例如,《福建省人民政府关于厦门市海洋功能区划的批复》④。

---

① 第九届全国人民代表大会常务委员会. 中华人民共和国海域使用管理法[EB/OL]. [2011 - 04 - 02]. http://baike. baidu. com/view/277454. htm? fromenter =％BA％A3％D3％F2％CA％B9％D3％C3％B9％DC％C0％ED％B7％A8.

② 国务院. 国务院关于全国海洋功能区划的批复(国函[2002]77 号)[EB/OL]. [2011 - 02 - 12]. http://www. soa. cn/hyjww/xzwgk/zfxxgknr/fgjgwywj/gwyfgxwj/webinfo/2008/05/1252915435717008. htm.

③ 国务院. 国务院关于福建省海洋功能区划的批复(国函〔2006〕117 号)[EB/OL]. [2011 - 02 - 12]. http://www. gov. cn/xxgk/pub/govpublic/mrlm/200803/t20080328_31948. html.

④ 福建省人民政府. 福建省人民政府关于厦门市海洋功能区划的批复(闽政文[2007]64 号)[EB/OL]. http://law. baidu. com/pages/chinalawinfo/1692/31/8b6b7d913062bebabe5538d64d97a08d_0. html.

结合上述法律规定和实际操作程序,比照图 3 - 1,让我们分别从编制发布主体和公示程序两个方面来考察"全国海洋功能区划成果"和"地方海洋功能区划成果"的法律效力究竟几何。

(1) 全国海洋功能区划成果,单从编制及发布主体是国家海洋行政主管部门考察,其效力最多可以够得上"部门规章"的层级。如果从公示程序考察的话,由于《立法法》第 76 条和第 77 条明确规定,①部门规章必须由部门首长签署命令予以公布(其样式参见图 3 - 2),并且在签署公布后,应及时在国务院公报或者部门公报和在全国范围内发行的报纸上刊登,可见全国海洋功能区划成果的发布完全没有达到这些要求。所以,全国海洋功能区划成果充其量只是国务院批准执行的由国家海洋行政主管部门发布的一个行政规范。

中华人民共和国交通运输部令

2011 年第 4 号

《中华人民共和国船舶污染海洋环境应急防备和应急处置管理规定》已于 2010 年 12 月 30 日经第 12 次部务会议通过,现予公布,自 2011 年 6 月 1 日起施行。

部　长　李盛霖

二〇一一年一月二十七日

中华人民共和国船舶污染海洋环境
应急防备和应急处置管理规定

第一章　总　　则

第一条　为提高船舶污染事故应急处置能力,控制、减轻、消除船舶污染事故造成的海洋环境污染损害,依据《中华人民共和国防治船舶污染海洋环境管理条例》等有关法律、行政法规和中华人民共和国缔结或者加入的有关国际条约,制定本规定。

图 3 - 2　部门规章样式图

---

①　第九届全国人民代表大会. 中华人民共和国立法法[EB/OL]. [2011 - 02 - 12]. http://www. gov. cn/test/2005-08/13/content_22423. htm.

（2）地方海洋功能区划成果，其编制主体为地方人民政府的海洋行政主管部门，并且在根据上级政府"批复"修改后是直接施行的，并未有明确的公示程序。然而，同样根据《立法法》第76条和第77条的规定，地方政府规章应由省长或者自治区主席或者市长签署命令予以公布，并在签署公布后，及时在本级人民政府公报和在本行政区域范围内发行的报纸上刊登。所以，地方海洋功能区划成果不论是从编制发布主体还是公示程序看，都只是上级人民政府批准执行的地方性行政规范。

可见，虽然由《海域法》所规定的"海洋功能区划制度"的效力处于"一般法律"层级，具有较高的法律效力，但该制度最重要的产物——"海洋功能区划成果"，不论是国家级别还是地方级别，其法律效力都属于效力最低的"行政规范"层级，与其自身的重要性明显不符。

3.2.2.2 海洋功能区划"成果"的理想法律地位

如上所述，海洋功能区划在海洋环境保护中占有基础性的重要地位，故《海环法》和《海域法》都从法律的高度，规定了"海洋功能区划制度"，但"海洋功能区划成果"却被立法者"遗忘"在了"行政规范"的层级，这有可能导致以下结果：《海域法》在其第13条①规定了修改"海洋功能区划成果"的看似严格的程序，"①海洋功能区划的修改，由原编制机关会同同级有关部门提出修改方案，报原批准机关批准，未经批准，不得改变海洋功能区划确定的海域功能；②经国务院批准，因公共利益、国防安全或

---

① 第九届全国人民代表大会常务委员会. 中华人民共和国海域使用管理法 [EB/OL]. [2011 - 04 - 02]. http://baike. baidu. com/view/277454. htm? fromenter = ％BA％A3％D3％F2％CA％B9％D3％C3％B9％DC％C0％ED％B7％A8.

者进行大型能源、交通等基础设施建设,需要改变海洋功能区划的,根据国务院的批准文件修改海洋功能区划",但由于"海洋功能区划成果"处于法律效力最低的"行政规范"的层级,所以只要"海洋功能区划成果"跟其上的任何一级规范性文件有抵触之处,都有被"勒令"按照法定程序修改的风险,而地方人大或政府为了招商引资而制定以经济开发导向的地方性法规或规章可谓稀松平常之事,故上述风险不可谓之不大。甚至让我们大胆地假设一下,无须与地方性法规或规章相抵触便能"依法"地修改地方海洋功能区划成果:由于市级和县级的海洋功能区划成果的修改审批权在省级人民政府,通常而言,大型投资项目的主要推手正是省级人民政府,所以市级和县级海洋行政主管部门极有可能在省级人民政府有意无意的"授意"下,开展海洋功能区划成果的修编工作,以满足某项大型投资项目的用海需求,毋庸置疑,此项修编工作定能得到省级人民政府的批准和支持。同样的事情也极有可能发生在省级甚至国家级的海洋功能区划成果上,唯一有所区别的是,投资项目可能更大型些,"授意"的政府级别可能更高些。可能有人要辩称,要修改海洋功能区划成果不是那么容易的,这是需要经过专家考察论证的,是有科学根据的。对于这一点,本书的观点是,不要低估专家们的"双向论证"能力,况且在我国,这些论证的专家也正是由要修改海洋功能区划成果的政府部门组织起来的,"先有结论,再来论证"的情况不在少数。

上述这一切的根源都在于海洋功能区划成果的层级太低,修改及批准程序的启动具有一定的"项目推动性",鉴于此,笔者认为"海洋功能区划成果"应区分国家级别和地方级别,授予与其重要程度相符的法律层级地位。

对于"全国海洋功能区划成果",由于其对于全国的海洋环境保护均具有基础性的导向作用,如果赋予其"部门规章"的法律地位,则一旦其与地方性法规、地方政府规章或其他部门规章发生冲突时,仍会产生矛盾,存在被"勒令"修改的风险,因为《立法法》第 86 条①明确规定了"①地方性法规与部门规章之间对同一事项的规定不一致,不能确定如何适用时,由国务院提出意见,国务院认为应当适用地方性法规的,应当决定在该地方适用地方性法规的规定,认为应当适用部门规章的,应当提请全国人民代表大会常务委员会裁决;②部门规章之间、部门规章与地方政府规章之间对同一事项的规定不一致时,由国务院裁决。"如果赋予其"法律"的地位,则需要经过较为复杂的立法程序,耗时过久,且一旦制定为"法律",其稳定性极高,有可能难以适应我国各项事业快速发展的实际情况。鉴于此,本书认为应赋予全国海洋功能区划成果以"行政法规"的层级,则其立项、起草、审查、决定、公布、解释及修改都必须严格依据《立法法》和《行政法规制定程序条例》②的相关规定来执行,其中的一个关键程序便是:由总理以签署国务院令的形式进行公布,并及时在国务院公报和在全国范围内发行的报纸上刊登。只有这样,才能大大降低修编全国海洋功能区划成果的随意性,显著增强其规范用海行为,保护海洋环境的作用。

对于"地方海洋功能区划成果",由于其属于地方性事务范畴,故本书认为应赋予其在地方法律层级中最高的地位,即"地

---

① 第九届全国人民代表大会. 中华人民共和国立法法[EB/OL].[2011 - 02 - 11]. http://www. gov. cn/test/2005-08/13/content_22423. htm.

② 国务院. 行政法规制定程序条例[EB/OL]. [2011 - 02 - 15]. http://www. gov. cn/zwgk/2005-06/03/content_4141. htm.

方性法规"，则其立项、起草、审查、决定、公布、解释及修改都必须严格依据《立法法》和《地方各级人民代表大会和地方各级人民政府组织法》①的相关规定来执行，其中的一个关键程序便是：①由省、自治区、直辖市的人民代表大会主席团或常务委员会通过的，由其分别发布公告予以公布，由较大市的人民代表大会及其常务委员会通过的，报经批准后，由较大市的人民代表大会常务委员会发布公告予以公布；②应及时在本级人民代表大会常务委员会公报和在本行政区域范围内发行的报纸上刊登。

综上所述，海洋功能区划在海洋环境保护中占有基础性的重要地位，但该制度的成果所具有的法律效力严重背离其重要性，这使得在实际实施海洋功能区划制度的过程中，存在通过"便捷"且"合法"的程序对既定海洋功能区划成果开展"以经济为导向"修编工作的巨大风险。因此，提高各级海洋功能区划成果的法律地位实为完善我国海洋环境保护基础制度的迫切需求。

3.3　完善制定原则的法律分析

尽管对于海洋功能区划的制定原则，《海域法》和《海洋功能区划技术导则》已作出了如本书第 2.3 节所述的诸多规定，但本书认为，结合我国现行的相关法律法规及其他规定，若从保护海洋环境与资源的角度来考察，至少还需引入三大原则："以海定陆"的原则、"公众参与"的原则及"预警原则"。

---

①　第五届全国人民代表大会. 中华人民共和国地方各级人民代表大会和地方各级人民政府组织法[EB/OL]. [2011-02-15]. http://www.gov.cn/flfg/2005-06/21/content_8297.htm.

3.3.1 引入"以海定陆"原则

本书所谓之"以海定陆"原则,系指陆域(包括陆地和江河)上各项规划涉及海域使用的,应当与毗邻海域的海洋功能区划相衔接。

对于本书所言之"以海定陆"原则,其最直接的法律依据来自《海域法》的"海洋功能区划"专章(第15条):"养殖、盐业、交通、旅游等行业规划涉及海域使用的,应当符合海洋功能区划;沿海土地利用总体规划、城市规划、港口规划涉及海域使用的,应当与海洋功能区划相衔接。"①该条实质上就是对海洋功能区划和相关规划之间的关系作出了规定。

所谓"规划",就是人们为未来经济与社会发展根据已有资源条件与可能达到的条件和社会需要,对未来一定时期的发展方向、目标、任务和措施、手段等,所作的科学设想、设计和安排。涉海的养殖、盐业、交通、旅游等行业规划即属于这种范畴内的工作。从社会属性看,这些涉海的养殖、盐业、交通、旅游等行业都是海洋经济中的重要组成部分,并且其自身的存在及发展都有赖于所处的海洋环境及其所蕴含的各种资源,因此符合所在海域的海洋功能区划就是这些相关涉海行业生存、发展和壮大的先决条件,《海域法》第15条第1款就是依据这一内在联系而作出如上规定的。②

---

① 第九届全国人民代表大会常务委员会. 中华人民共和国海域使用管理法[EB/OL]. [2011 - 04 - 02]. http://baike. baidu. com/view/277454. htm? fromenter =％BA％A3％D3％F2％CA％B9％D3％C3％B9％DC％C0％ED％B7％A8.

② 卞耀武,曹康泰,王曙光. 中华人民共和国海域使用管理法释义[EB/OL]. [2011 - 04 - 02]. http://www. chinataiwan. org/flfg/flshy/200803/t20080328_615306. htm.

与涉海的养殖、盐业、交通、旅游等行业规划不同,沿海土地利用总体规划、城市规划、港口规划等,这类规划的主体不在海上,其规划的目标、任务投资只是涉及一部分海洋的利用,借助海洋的某些功能制定其规划的设想,所以这类规划与海洋功能区划的关系是"相衔接"的规定。不过,这类规划也并非等同一样,比如,其中的海港建设规划与土地、城市规划又有不同,凡属沿海岸港口,对毗邻海域的海洋功能区划的依赖性就非常大,所以在执行《海域法》第 15 条第 2 款规定的时候,还是要具体情况具体处理。①

与此相关的是,"中国海洋渔业区划"、"中国海洋环境功能区划"等海洋行业的功能区划与海洋功能区划之间关系也是必须要明确的。1990 年 8 月 1 日由国务院办公厅发布的《国务院办公厅转发国务院机构改革办公室对国家环境保护局、国家海洋局有关海洋环境保护职责分工意见的通知》中对在近海海域进行的环境功能区划与海洋功能区划的关系也作出了原则性规定:"划分海洋功能区是海洋开发规划和海洋综合管理的一项基础性工作,其内容兼及海洋资源开发利用和海洋环境保护,其范围全面覆盖我国管辖海域。此项工作由国家海洋局会同沿海省、自治区、直辖市和有关部门进行。沿海省、自治区、直辖市环保部门在近海海域进行的环境功能区划工作,应纳入海洋功能区划系列,互相衔接和协调,同时要避免与经批准的有关的全国性功能区划相矛盾。对此,国家海洋局和国家环保局要共同商

---

①　卞耀武,曹康泰,王曙光. 中华人民共和国海域使用管理法释义[EB/OL]. [2011 - 04 - 02]. http://www. chinataiwan. org/flfg/flshy/200803/t20080328_615306. htm.

定联系的办法。两局之间如有意见分歧,请国家计委协调。"①
从该《通知》的行文看,在近海海域进行的环境功能区划应与该
海域的海洋功能区划相衔接。本书认为,由于当时《海域法》还
未施行,所以该《通知》在措辞中还只是规定在近海海域进行的
环境功能区划要"避免"与经批准的有关的全国性功能区划相矛
盾,如果有了"意见分歧",就要请国家计委(2003 年改组为"国
家发改委")来协调,而《海域法》施行之后,海洋功能区划则理应
成为这些海洋行业功能区划的制定基础,不得与其违背。

　　"以海定陆"原则,从本书定义及法律规定的字面上看,应是
陆域各项涉海规划或陆域各项规划的涉海部分"主动"地与毗邻
海域的海洋功能区划"相衔接",所以这似乎更应该是陆域各项
涉海规划的制定原则,而不是海洋功能区划的制定原则。对此,
本书的观点是:"以海定陆"欲成为陆域各项涉海规划或陆域各
项规划涉海部分的制定原则,其首先必须成为海洋功能区划的
制定原则。

　　众所周知,海洋是地球上势能最低的区域,是人类活动所产
生的大量污染物的最后归宿。② 人类的种种行为,不管是陆地
上的还是海洋上的,最终都将影响到海洋,由海洋来承纳。海洋
虽然面积辽阔,但是它的承纳能力不是无止境的,而是有一定限
度的,一旦超过该临界值,海洋生态系统将会受到重创,而这一

---

① 国务院办公厅.国务院办公厅转发国务院机构改革办公室对国家
环境保护局、国家海洋局有关海洋环境保护职责分工意见的通知[EB/
OL].[2011-04-02].http://law.baidu.com/pages/chinalawinfo/0/47/
5fec96fed24ef839ca7a8831828aaae0_0.html.

② Kullenberg and Gunnar. Editorial [J]. Ocean & Coastal
Management,2000,43(8-9):609-613.

重创往往是不可修复的,这一点已在近海海洋的某些区域得到了证实①。

　　然而,由于人类长期居住在陆地之上,"重陆轻海"的思想已根深蒂固,尤其我国当前正处于社会经济及各项事业发展的初级阶段,对于陆地各种资源开发的强度也与日俱增,而对其所展开的各项规划也往往仅是立足于本区域,甚至是本局部地区的陆域范围,较少考虑在潜意识中离我们日常生活较为疏远的海洋状况。这些情况,实际上导致了在陆域进行各项涉海规划时并未将毗邻海域的各项因素考虑在内,甚至原本上应属"涉海"的规划,在实际操作中,可能变成一份纯粹的陆域规划。

　　关于上述"重陆轻海"思想根深蒂固的提法,并不是笔者的妄自揣测,从相关的规范性文件中不难窥得端倪。

　　如上所述,《海域法》第 15 条第 2 款明确规定了"沿海土地利用总体规划、城市规划、港口规划涉及海域使用的,应当与海洋功能区划相衔接"。以其中的"沿海土地利用总体规划"为例,所谓"沿海土地利用总体规划",就是指沿海地区的"土地利用总体规划",而"土地利用总体规划"是实行最严格土地管理制度的纲领性文件,是落实土地宏观调控和土地用途管制,规划城乡建设和统筹各项土地利用活动的重要依据。② 与"土地利用总体规划"直接相关的规范性文件主要有《中华人民共和国土地管理法》③

---

　　①　王佩儿. 海洋功能区划的基本理论、方法和案例研究[D]. 厦门:厦门大学,2005:53.

　　②　国土资源部. 土地利用总体规划编制审查办法[EB/OL]. [2011-04-03]. http://baike. baidu. com/view/2553839. htm#sub2553839.

　　③　第六届全国人民代表大会常务委员会. 中华人民共和国土地管理法[EB/OL]. [2011-04-03]. http://baike. baidu. com/view/277453. htm#4.

（以下简称为《土地管理法》）、《中华人民共和国土地管理法实施条例》①（以下简称为《土地管理条例》）及《土地利用总体规划编制审查办法》②。从制定主体及程序上看,《土地管理法》属于图3-1中所示的"一般法律"层级,《土地管理条例》属于"行政法规"层级,《土地利用总体规划编制审查办法》则属于"部门规章"层级。可以说,对于"土地利用总体规划"的管理已经形成了从"法律"到"部门规章"的完整的全国范围内施行的调控体系,而这个"完整"的调控体系,若从本书的研究角度来看,并不"完美"。

《土地管理法》的第19条明确规定了编制土地利用总体规划的五大原则:"①严格保护基本农田,控制非农业建设占用农用地;②提高土地利用率;③统筹安排各类、各区域用地;④保护和改善生态环境,保障土地的可持续利用;⑤占用耕地与开发复垦耕地相平衡"。可以清楚地看出,这五大原则中并未提及任何与毗邻海域的海洋功能区划相衔接的规定,并且在《土地管理条例》和《土地利用总体规划编制审查办法》中也再未提及土地利用总体规划的编制原则一事。此外,尽管《土地管理条例》和《土地利用总体规划编制审查办法》均提及国土行政主管部门在制定土地利用总体规划的时候应"会同"有关部门,但作为三部规范性文件中法律效力最高的《土地管理法》却对"会同"编制一事"缄口不言"。不仅如此,根据笔者的统计,《土地管理法》、《土地管理条例》和《土地利用总体规划编制审查办法》这三部全国性

---

① 国务院. 中华人民共和国土地管理法实施条例[EB/OL]. [2011-04-03]. http://baike. baidu. com/view/402561. htm#8.

② 国土资源部. 土地利用总体规划编制审查办法[EB/OL]. [2011-04-03]. http://baike. baidu. com/view/2553839. htm#sub2553839.

的规范性文件,总计 162 条规定,洋洋洒洒超过两万字,其中未曾出现过一个"海"字。在此需要特别提醒的是,现行的《土地管理法》是 2004 年 8 月 28 日经第十届全国人民代表大会常务委员会修正后付诸实施的,而《海域法》是 2002 年 1 月 1 日就开始实施了。也就是说,修正后的《土地管理法》仍然没有提及些许编制土地利用总体规划时的"会同"之事,尽显其强势地位。笔者不禁想问,虽然国土行政主管部门在编制沿海土地利用总体规划的时候确实是"会同"了海洋行政主管部门,但在这份土地利用总体规划的涉海部分,海洋行政主管部门究竟能占多大的"权重"? 这一问题其实或多或少也是由于目前我国的行政体制所造成的:①在国家层级上,国家海洋局从属于国土资源部,与此相对应的,在全国沿海土地利用总体规划涉海部分的"会同"编制中,国家海洋局将处在一个明显弱势的地位。②在地方层级上,以省级为例,海洋和渔业两个职能部门合并为一个正厅级行政主管部门——海洋与渔业厅(局),而国土部门为单一职能的正厅级行政主管部门——国土资源厅(局),从中不难看出,地方海洋行政主管部门应该只能算是"半个"正厅级的行政主管部门,在"被会同"编制地方土地利用总体规划的涉海部分时,同样是处在一个相对弱势的地位。退一步说,即便是"整个"的海洋与渔业厅(局),虽然它和国土资源厅(局)均属于省级人民政府的组成机构,但国土资源厅(局)的排位应较海洋与渔业厅(局)靠前许多,也就是说,国土资源厅(局)在地方的"权重"比较大。

从上面的论述不难看出,无论是国家层级,抑或是地方层级,海洋行政主管部门相比国土行政主管部门,都处在一个弱势的地位,在国土行政主管部门"会同"海洋行政主管部门编制沿海土地利用总体规划涉海部分的时候,《海域法》第 15 条第 2 款关于"相衔接"的规定，在笔者看来，实际工作中有可能会演变成一种"原则上"的"相衔接"，一旦修编沿海土地利用总体规划时出现对未来某个用地大项目的"倾斜"，国土行政主管部门可能便以先前的海洋功能区划已不符合目前发展情况为由，建议有相关权限的政府"勒令"海洋行政主管部门修改海洋功能区划的涉陆部分，而出于经济发展方面的考虑，该有权限的政府确实有可能作出此项"勒令"①，从而为沿海土地利用总体规划与海洋功能区划的"顺利衔接"铺平道路。

除了国土行政主管部门自身的强势之外，实际上，海洋行政主管部门在其管理实践过程中也承认了自身的弱势地位。例如，国家海洋局制定的《省级海洋功能区划修改方案报批材料格式要求》②要求在省级海洋功能区划修改方案的编制说明中，需以专章形式对"区划修改与相关区划、规划的衔接情况"作出说明。由此可见，"重陆轻海"的思想甚至在国家海洋局这样的国家海洋行政主管部门里都是根深蒂固的，从《省级海洋功能区划修改方案报批材料格式要求》的这一要求看，可以推测国家海洋局在制定该文件时，应当未曾记起《海域法》第15条所赋予海洋功能区划的"被衔接"的身份。这里需要说明的是，海洋功能区划与其他相关区划或者规划之间确实不应有冲突，但不应有冲突的前提条件是其他相关区划或者规划应主动与海洋功能区划进行衔接。当然，这并不意味着海洋功能区划可以完全不顾及

---

① 该种风险已在本书的第 3.2.2.2 节中进行了探讨，在此不再赘述。

② 国家海洋局. 省级海洋功能区划修改方案报批材料格式要求 [EB/OL]. [2011 - 07 - 15]. http://www. soa. gov. cn/soa/rootfiles/2011/01/27/1295857792896961-1295857792897348. doc.

其他相关区划或规划,因为其他相关区划或者规划也都有自己的主管部门。根据《海域法》第 10 条的规定,海洋行政主管部门是会同其他相关部门一起编制海洋功能区划的,若其他相关部门对于用海有需求,就应在会同编制时提出并进行商议,而不是待海洋功能区划都已确定之后,再来通过制造本部门所编制区划或规划与海洋功能区划之间的冲突,来"迫使"海洋功能区划因为根深蒂固的"重陆轻海"思想而人为地作出让步。

通过上面的论述,回到本书先前的观点:"以海定陆"欲成为陆域各项涉海规划或陆域各项规划涉海部分的制定原则,其首先必须成为海洋功能区划的制定原则。试想一下,如果海洋功能区划本身必须为了沿海土地利用总体规划涉海部分的"顺利衔接"而作出修改的话,那《海域法》第 15 条第 2 款所作出此项"相衔接"的规定最终只会流于形式,而实际上则大有可能是海洋功能区划的涉陆部分去衔接沿海土地利用总体规划。为了真正地落实《海域法》第 15 条第 2 款的此项规定,借鉴国际习惯法的思想,本书认为,海洋行政主管部门在编制及修编所辖海域的海洋功能区划之时,除了以《海域法》第 11 条①以及《海洋功能区划技术导则》(GB/T 17108‐2006)所规定的编制原则②为指

① 如前所述,《海域法》第 11 条规定,"海洋功能区划按照下列原则编制:(一)按照海域的区位、自然资源和自然环境等自然属性,科学确定海域功能;(二)根据经济和社会发展的需要,统筹安排各有关行业用海;(三)保护和改善生态环境,保障海域可持续利用,促进海洋经济的发展;(四)保障海上交通安全;(五)保障国防安全,保证军事用海需要。"

② 如前所述,《海洋功能区划技术导则》(GB/T 17108‐2006)所规定的编制原则为:(1)自然属性与社会属性兼顾原则;(2)统筹安排与重点保障并重原则;(3)促进经济发展与资源环境保护并重原则;(4)协调与协商原则;(5)备择性原则;(6)前瞻性原则。

导外,还必须在海洋功能区划的全过程,尤其是在其涉陆部分的编制及修编过程中,贯穿"以海定陆"的原则,只有当此成为一种受到主管政府、同级国土行政主管部门及其他相关部门所广泛认可的实践之后,自然而然的,沿海土地利用总体规划、城市规划及港口规划等相关规划在处理涉海部分之时,就会主动地适用"以海定陆"的原则,使之与海洋功能区划相衔接。为了保证海洋行政主管部门在坚持这种"以海定陆"实践时有足够的"底气",本书认为需为其提供一种法律上的制度保护,而这种保护正是本书在第3.2.2.2节中所论述的提升海洋功能区划成果的法律地位,只有这样,海洋功能区划才能更好地忠于海洋的诉求,避免由于其他因素的干扰,使其原本应有的法律地位本末倒置而无法真正地保护海洋的环境和资源。

3.3.2 引入"公众参与"原则

本书所谓之"公众参与"原则,系指在编制和修编海洋功能区划的各个阶段都应采取一定的形式,充分听取各用海单位、专家学者和社会公众的意见,并对有关意见的采纳结果作出公示并说明理由。

海洋功能区划不仅能显著提升海洋环境保护的决策水平,还能提供基于生态系统的方法来管理海洋环境中的人类活动。[1] 海洋功能区划的过程,本质上就是将一定范围内三维尺度的海洋空间确定各自特定用途的一项决策过程,而这项决

---

① Ehler C, Douvere F. Visions for a sea change. Report of the first international workshop on marine spatial planning [R]. Intergovernmental oceanographic commission and man and the biosphere programme. IOC Manual and Guides No. 48, IOCAM Dossier No. 4. Paris: UNESCO, 2007.

策就是为了发挥该海域在生态、经济和社会等各层面的应有用途。制定一项科学的海洋功能区划并严格施行,能够最大限度地避免海洋无序和无度的使用,所以从这个意义上讲,海洋功能区划是一项环境决策过程。关于衡量政策制定过程中公正、公平及正义的问题,有研究者提出了几点标准:①程序公平;②维护普遍期望的情况;③形式正义——平等对待;④实体正义——结果的公正;⑤有为制定该政策而付费的意愿;⑥用最少的消耗来完成最多的目标;⑦具有较广泛的需求性;⑧在决策过程中有选择和介入的权力;⑨在主张权利的同时应承担相应的责任。① 而由公众参与政策的制定,能够最大限度地保证政策制定的公正、公平和正义。近数十年间,世界各国公众参与环境政策制定的案例数目已呈爆发式增长,②可以说,公众参与环境政策的制定已成为一项广泛达成的共识。③

尽管公众参与尚存有一些不足之处,例如,不同的利益相关者之间可能持有不同的环境观,以及时间资源和经济资源的限

① Trinder, E., A. Hay, J. Dignan, P. Else, J. Skorupski. Concepts of equity, fairness, and justice in British transport legislation, 1960-1988 [J]. Environment and Planning, 1991, C9:31-50; Hay, A., E. Trinder. Concepts of equity, fairness, and justice expressed by local transport policymakers [J]. Environment and Planning, 1991, C9:453-465.

② Susan Charnley, Bruce Engelbert. Evaluating public participation in environment decision-making: EPA's superfund community involvement program [J]. Journal of Environmental Management, 2005,(77):165-182.

③ Webler, T., Tuler, S., Krueger, R.. What is a good public participation process? Five perspectives from the public [J]. Environmental Management, 2001,27(3):435-450.

制等因素,①但不可否认的是,公众参与环境政策的制定有着诸多的优点,包括:①能更好地理解生态系统的复杂性;②能更好地理解人类活动对于生态系统的影响以及对其应实施的管理措施;③有利于检查各类使用目标的兼容性和/或(潜在的)冲突;④有利于识别、预测和解决区域间的冲突;⑤有助于发现既有的交互模式。② 此外,公众参与能够加深各方在处理问题时的共识,发掘并综合各方的意见,形成个人独自思考所无法形成的一些新的选择和解决方案,并保证资源的长期有效利用以达成各方的共同目标。③ 坚持公众参与原则,让公众参与到海洋功能区划的全过程,还可以避免领导、长官意志所导致的一系列盲目的、短期的区划和开发行为,改善政府的决策本质,保证区划的民主化,有助于将区划意图上升为集体意志。④ 当地公众的集体意志在政府咨询过程中应扮演重要的角色,而且政府相关部门也应具备一定的灵活性,采取"自下而上"而非教条式或专政式的"自上而下"的方式引导公众参与决策。⑤

---

① Stojanovic T, Ballinger R. Responding to coastal issues in the United Kingdom: managing information and collaborating through partnerships [R]. Ocean Yearbook. Leiden: Brill, 2009. pp. 445 - 472.

② Robert Pomeroy, Fanny Douvere. The engagement of stakeholders in the marine spatial planning process [J]. Marine Policy, 2008,32:816 - 822.

③ California Marine Life Protection Act Initiative. Strategy for stakeholder and interested public participation [EB/OL]. [2011 - 04 - 10]. http://www. dfg. ca. gov/mlpa/pdfs/revisedmp0108d. pdf:D - 1.

④ 王佩儿,洪华生,张珞平. 试论以资源定位的海洋功能区划[J]. 厦门大学学报(自然科学版),2004,43(S1):205 - 210.

⑤ Hughey K. An evaluation of a management saga: the banks peninsula Marine Mammal Sanctuary, New Zealand [J]. J Environ Manage, 2000, 3: 179 - 197; Nickerson-Tietze DJ. Community-based management for sustainable fisheries resources in Phang-nga bay, Thailand [J]. Coast Manage, 2000,1:65 - 74.

公众参与海洋功能区划制定的方式有许多种,从信息传递(没有公众的实质参与)到谈判(与各利益相关者共享决策权)都各有不同方式,在这"信息传递"和"谈判"的两极之间,便存在着多种的公众参与方式,见图3-3①。

本文注:图中的实线箭号代表交流中的主要方向,虚线箭号代表交流中受到抑制的方向。

图3-3 海洋功能区划程序中公众参与的可能方式

资料来源:Robert Pomeroy, Fanny Douvere. The engagement of stakeholders in the marine spatial planning process [J]. Marine Policy, 2008,32:816-822.

如前所述,我国的海洋功能区划虽然是从1989年开始起步,但其真正作为一项制度被法律所确认,则是在1999年《海环法》修订后。由于任何行政行为的实施都必须得到法律的明确授权,所以1999年之前所实行的海洋功能区划不能看成是一种政府的行政行为,充其量只能算是一种科研活动,并不具有法律效力。与此种境况相呼应的是,参与1999年之前海洋功能区划工作的除了相关政府机关之外,就几乎局限在该领域内的专家学者,可以说,公众参与海洋功能区划在此阶段根本无从谈起。即便是1997版的《海洋功能区划技术导则》出台后,《海环法》在

---

① Robert Pomeroy, Fanny Douvere. The engagement of stakeholders in the marine spatial planning process [J]. Marine Policy, 2008,32:816-822.

1999 年修订后及《海域法》在 2002 年实施后,公众参与海洋功能区划也没能得到任何只言片语的法律支持。当然,一些地方政府出于政务公开的需要,确实有向公众通报海洋功能区划的结果,但这无法称得上是真正意义的公众参与,充其量只是图 3-3 中所示的"传递"或"通报"。

我国对于公众参与海洋功能区划最早的正式规定出现于 2006 版的《海洋功能区划技术导则》。2006 版《海洋功能区划技术导则》所规定的"区划的工作程序"主要包括了 8 项:①准备工作;②资料收集;③海洋开发保护现状与面临的形势分析;④海洋功能区的划分;⑤成果编制;⑥成果审核;⑦报批;⑧海洋功能区划的修编。① 其中,第 6 项"成果审核"明确规定了:"应通过专家论证、公众听证、政府相关部门审议和社会公示等方式,对海洋功能区划成果进行审核。"②

此外,在国家海洋局 2007 年发布的《关于印发〈海洋功能区划管理规定〉的通知》中,也对公众参与海洋功能区划作出了规定:③

(1) 第 6 条,"编制和修改海洋功能区划应当建立公众参与、科学决策的机制"。

(2) 第 14 条第 4 款,"海洋功能区划文本、登记表、图件应当征求政府有关部门、上一级海洋行政主管部门、下一级地方

---

① 中华人民共和国国家质量监督检验检疫总局,中国国家标准化管理委员会.海洋功能区划技术导则(GB/T 17108-2006)[S].3.

② 同上。

③ 国家海洋局.关于印发《海洋功能区划管理规定》的通知[EB/OL].[2011-04-11].http://law.lawtime.cn/d665102670196.html/pos=0.

政府、军事机关等单位的意见,要采取公示、征询等方式,充分
听取用海单位和社会公众的意见,对有关意见采纳结果应当
公布,在充分吸取有关意见后,形成海洋功能区划成果评
审稿"。

(3) 第 24 条第 1 款,"通过评估工作,在局部海域确有必要
修改海洋功能区划的,由海洋行政主管部门会同同级有关部门
提出修改方案,属于重大修改的,应当向社会公示,广泛征求
意见"。

(4) 第 32 条,"各级海洋行政主管部门依据查询申请给予
海域使用申请人、利益相关人查询经批准的海洋功能区划,查询
内容包括海洋功能区划文本、登记表和图件,不能当场查询的,
应在 5 日内提供查询。"

有研究者认为,我国现行的海洋功能区划编订制度虽然开
始重视公众参与,但由于起步较晚、公众维权意识欠缺、公众整
体文化素质水平不高、参与海洋功能区划的广度和深度有限,以
及缺乏可操作性程序规范、缺少对公众参与有效性评价标准等
问题,公众参与海洋功能区划并没有得到有效实施,现行的海洋
功能区划的参与主体依然是代表政府部门的海洋主管单位和区
划编制专家、学者。[1] 该研究者亦指出,如果按公众参与海洋功
能区划的成熟度将公众参与划分为萌芽阶段、成长阶段和成熟
阶段三个阶段(见表 3-3),那么我国总体上处于萌芽阶段,公
众参与海洋功能区划才刚刚起步。[2]

---

[1]　任一平,李升,徐宾铎,纪毓鹏. 我国海洋功能区划中的公众参与
及其效果评价[J]. 中国海洋大学学报(社会科学版),2009,(1):1-5.

[2]　同上。

表3-3　公众参与海洋功能区划的阶段划分

阶　段	公众参与主体	公众参与方式
萌芽阶段	政府部门、区划专家和学者等	专家研讨、现场调研和访问等
成长阶段	涉海团体、媒体、公众代表等	座谈会、接待现场、展览会等
成熟阶段	各层面公众	讨论会议、热线、公众听证会等

资料来源:任一平,李升,徐宾铎,纪毓鹏.我国海洋功能区划中的公众参与及其效果评价[J].中国海洋大学学报(社会科学版),2009,(1):1-5.

　　本书认同目前我国的公众参与海洋功能区划尚刚刚起步,处于萌芽阶段,但对将其主要归因于"公众维权意识欠缺、公众整体文化素质水平不高、参与海洋功能区划的广度和深度有限,以及缺乏可操作性程序规范、缺少对公众参与有效性评价标准等"①,持有不同的看法。

　　诚然,2006版《海洋功能区划技术导则》及《海洋功能区划管理规定》的颁布和实施提升了公众在海洋功能区划过程中的地位,也为公众参与海洋功能区划提供了现实依据。然而,从上述的规定看,无论是2006版《海洋功能区划技术导则》抑或是《海洋功能区划管理规定》中关于公众参与编制海洋功能区划的规定,都是集中在海洋功能区划成果成形之后,甚至是海洋功能区划成果完成之后的;而对于公众参与修改海洋功能区划,则仅限于遭遇"重大修改"时,海洋行政主管部门才"应当向社会公示,广泛征求意见"。因此,本书认为,目前导致我国公众参与编制和修改海洋功能区划尚处于起步萌芽阶段的最根本原因在于我国现行的相关规定把公众参与海洋功能区划的这一环节给"后置"了,也就是说,政府相关职能部门在编制和修改海洋功能

---

　　①　任一平,李升,徐宾铎,纪毓鹏.我国海洋功能区划中的公众参与及其效果评价[J].中国海洋大学学报(社会科学版),2009,(1):1-5.

区划的准备工作阶段、资料收集阶段、海洋开发保护现状与面临的形势分析阶段、海洋功能区的划分阶段以及成果编制阶段均未引入公众参与,而仅仅是在"成果审核"的阶段引入了公众参与,此时如果公众对海洋功能区划原始工作中的某一事项提出质疑,即便政府相关职能部门认识到自身可能存在的某种错误或疏失,但由于修正的成本可能耗费颇大,所以在很大程度上也已不太可能推翻之前所作的一系列工作而从头再来。故而,从客观效果看,我国目前现行的公众参与海洋功能区划工作多为一种"象征性"的活动,充其量只是图3-3中所示的"咨询"级别,起到的无非是一种使政府和公众在海洋功能区划这一事项上的"相互了解"而已,并且此种"了解"并不必然等同于"理解","了解"的同时,可能夹杂着亦是某种程度的"冲突"。实际上,我国目前所存在的这种让公众部分参与海洋功能区划的做法,其他一些国家在20世纪也曾经历过。例如,荷兰在20世纪90年代时,曾在北海的荷兰所辖海域划定海洋保护区,由于没有在海洋功能区划工作之初就引入公众参与,所以导致了在海洋保护区的执行过程中引起了当地渔民的极大反抗,使得既定的海洋保护区政策陷入困境。①

　　基于上述症结的分析,本书认为,要解决我国公众参与海洋功能区划处在"萌芽阶段"的问题,最重要的是使公众参与海洋功能区划编制和修改工作的各个阶段,并有相关规定使之法制化,即在相关规范性文件中应当规定海洋功能区划的准备工作

---

① Jan Vermaat, Laurens Bouwer, Kerry Turner, Wim Salomons. Managing European Coasts-past, Present and Future [M]. Berlin: Springer, 2005. p. 112.

阶段、资料收集阶段、海洋开发保护现状与面临的形势分析阶段、海洋功能区的划分阶段、成果编制阶段、成果审核阶段及报批阶段,都应引入公众参与的机制,对海洋功能区划的各项工作进行讨论和审议。此种做法有利于政府相关职能部门从源头上厘清所开展的海洋功能区划工作中存在的专家、学者及官员可能疏忽的各项问题,从而尽早且及时地纠正相应的失误。此外,此种做法还有利于公众对于海洋功能区划有一个"从头到尾"的深刻且完整的"理解",而不仅仅是停留在"只懂结局"的肤浅且片面的"了解"层次。

当然,不容忽视的是,在海洋功能区划的全过程都引入公众参与,可能会降低海洋功能区划的效率,并浪费公共资源。实践证明,英国、美国及加拿大等国为了将广泛且有效的公众参与引入城市规划的过程中,致使城市规划的编制费用和编制时间都显著的增加了。[①] 因此本书认为,由于海洋功能区划编制和修改工作各个阶段的差异性,公众参与其中所扮演的角色也应该是不同的,只有明晰在不同阶段公众拥有不同的权利,才能在保证广泛且有效的公众参与的前提下,尽可能地节约公共资源,提高海洋功能区划的效率。有研究者对公众在土地利用规划中的角色进行了比较[②](见表 3 - 4),可资借鉴。

[①] Chabota, M., Duhaimea, G. Land-use planning and participation: the case of Inuit public housing (Nunavik, Canada) [J]. Habitat International, 1998, 22 (44): 429 - 447; Hyman, E. Land-use Planning to help sustain tropical forest resources [J]. World Development, 1984, 12 (8): 837 - 847.

[②] 王慧珍. 县级土地利用总体规划中的公众参与——以湖南省醴陵市为例 [D]. 长沙: 湖南农业大学硕士论文, 2006: 5 - 6.

表3-4　公众在土地利用规划中的角色

规划工作步骤	参　与　者		
	公众	规划人员	政府人员
确定目标和任务	★	☆	★
资料调查收集	☆	★	☆
规划方案的拟定		★	
方案的比较与选择	★	☆	★
规划方案的修改		★	
规划审批	★	☆	★
规划实施	★	★	★
监督反馈	★	★	★

注:★代表主要角色,☆代表辅助角色。
资料来源:王慧珍.县级土地利用总体规划中的公众参与——以湖南省醴陵市为例[D].长沙:湖南农业大学硕士论文,2006:5-6.

　　在图3-2和表3-4研究成果的基础上,结合2006版《海洋功能区划技术导则》中关于"区划的工作程序"的规定,①本书对于公众参与海洋功能区划编制和修改工作各个阶段的形式提出以下观点,并图示于图3-4。

　　(1)在海洋功能区划的准备工作阶段,主要是建立海洋功能区划的领导机构、科学咨询机构和区划工作机构,并编制工作方案。在此阶段,应明确海洋功能区划的任务与分工、采用的有关标准和规定、区划方法、协调途径、成果要求、进度安排与经费预算等,而公众应着重参与海洋功能区划目标和任务的设定。由于这是整个海洋功能区划的起始阶段,如果在这一阶段,公众参与就流于形式的话,则后续的公众参与也将无从谈起,所以,

----

　　①　中华人民共和国国家质量监督检验检疫总局,中国国家标准化管理委员会.海洋功能区划技术导则(GB/T 17108-2006)[S]:3.

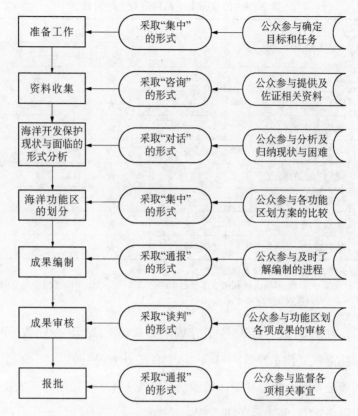

图 3-4　公众参与海洋功能区划的流程图

应采取图 3-2 中较高层次的"集中"方式来使得公众对于该海洋功能区划的诉求得以体现。

（2）在海洋功能区划的资料收集阶段，主要是应全面收集启动区划编制工作时最近五年相关的规划和区划资料，以及自然环境、自然资源、开发现状、开发能力、社会经济等方面的最新资料，还应开展必要的补充调查，对缺乏的或时效性不能满足要求的资料进行补充和更新，之后根据收集和调查获得的资料，编制基础地理、自然环境、自然资源、海域使用现状、涉海区划规划等基础图件，而公众应着重参与相关资料的补缺补漏和佐证工作,具体形式应是区划工作机构将已收集的资料及编制完成的基础图件向公众公开(涉密的除外),向公众进行图3-2中所示的"咨询"工作。

(3) 在海洋功能区划的海洋开发保护现状与面临的形势分析阶段,主要是根据资料和基础图件,研究当地地理概况、区位条件、自然环境、资源条件及海洋开发保护现状,分析国民经济和社会发展用海需求,归纳本次海洋功能区划需要解决的重点问题,并编写分析报告,而公众应着重参与反映具体的用海护海诉求及所遇到的困境,具体形式应是相关机构与公众进行图3-2中所示的"对话",以求双方达成共识,加深友谊,为下一步工作的开展奠定坚实的群众基础。

(4) 在海洋功能区划的海洋功能区划分阶段,主要是通过与其他规划、区划的协调以及涉海部门(单位)的磋商,初步确定海洋功能区,而公众应着重参与各功能区划方案的比较,尤其是对于替代方案的制定更应吸纳公众的参与。此环节十分重要,应采取图3-2中所示的"集中"方式来进行,使得各公众团体都能集中地反映自身的建议和意见。当然,这就首先要求区划工作机构应在之前工作的基础上,制定出两套或两套以上的功能区划方案。

(5) 在海洋功能区划的成果编制阶段,主要是编写海洋功能区划报告,编写海洋功能区划文本,编制海洋功能区划登记表,编绘海洋功能区划图件,建设海洋功能区划管理信息系统。由于该环节具有较强的专业性,所以主要应由专家、学者及其他专业技术人员来完成,公众参与则应侧重于及时了解成果编制的进程,采取图3-2中所示的"通报"方式来进行即可。

(6) 在海洋功能区划的成果审核阶段,主要是应通过各种方式来对海洋功能区划的成果进行审核,由于在成果审核通过之后,就进入了报批程序,所以公众参与在这一环节的角色极为重要,是公众反映自身诉求的最后机会,绝不能流于形式,理应采取图3-2中所示的最高层次的"谈判"方式来进行。笔者相信在这种"唇枪舌剑"的"谈判"氛围中,公众的利益能得到最大程度的体现和保护。

(7) 在海洋功能区划的报批阶段,应采取图3-2中所示的"通报"方式,使得公众能参与监督各项相关事宜是否符合先前既定的结论,杜绝"瞒天过海"的现象。

(8) 海洋功能区划的修改工作参照上述七个步骤执行。

此外,在海洋功能区划中引入"公众参与"尚需注意一个问题,即"公众"到底包含哪些机构和哪些个人? 正如有研究者指出的那样,在向公众咨询的过程中,公众是"如何"参与的固然很重要,但"谁参与",甚至"谁不参与"则是更为重要的。[1] 有研究者提出,公众参与海洋功能区划应采用公众代表委员会的方式,经过专家评议,确定公众代表委员会代表的各个层面,并确定各个层面代表的权重值(见图3-5)[2]。本书对此持有不同的观点:①不该由专家评议来确定公众代表——"公众参与"本身就是为了校正政府相关部门及专家的海洋功能区划观点或决策,其之所以得以存在,正因为其"公众"的主体地位独立于政府和

---

① An Cliquet, Fabienne Kervarec, Dirk Bogaert, Frank Maes, Betty Queffelec. Legitimacy issues in public participation in coastal decision making process: Case studies from Belgium and France [J]. Ocean & Coastal Management, 2010,53:760-768.

② 任一平,李升,徐宾铎,纪毓鹏. 我国海洋功能区划中的公众参与及其效果评价[J]. 中国海洋大学学报(社会科学版),2009,(1):1-5.

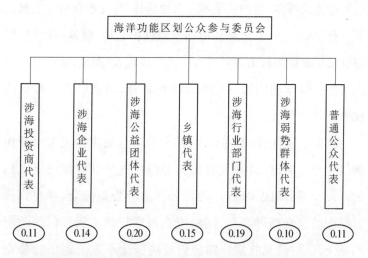

图 3－5　海洋功能区划公众参与各层面代表及其权值

资料来源：任一平,李升,徐宾铎,纪毓鹏.我国海洋功能区划中的公众参与及其效果评价[J].中国海洋大学学报(社会科学版),2009,(1):1－5.

专家之外,如果作为"公众参与"主体的"公众"尚需专家来评议决定,而这些专家大有可能又是政府相关部门所组织起来的。依笔者看,这样"选出来"的"公众"无法真正代表"公众"的意思,也无法真正校正政府相关部门及专家的原有观点或决策,极有可能在个别地方演变成公众参与流于形式的局面。②关于各类公众的权值问题不尽合理,甚至不该设置权值——在公众尚未发表自己观点之前,就已经将他们先入为主地区别对待,这可能会导致真正正确的意见得不到采纳。例如,"涉海公益团体代表"的权值是 0.20(最高),"涉海弱势群体代表"的权值为 0.10(最低),依笔者看,所谓的"涉海公益团体代表"应该主要是由一些提倡环境保护的非政府组织代表构成,他们的观点应该也主要是围绕"环境保护"展开的,而"涉海弱势群体代表"则应该包括了大量的渔民等弱势群体,他们所诉求的则是实实在在的生存权问题。相对而言,"涉海公益团体代表"是海洋功能区划里最不相关的群体,他们甚至不在当地居住,有可能只是过来畅谈了一番环境保护,甚至是环境的绝对保护之后,就返回故里,但却被赋予最高的权值,而"涉海弱势群体代表"则是以海为生,应该说是受海洋功能区划影响最大的群体,却被赋予了最低的权值。

基于上述分析,本书认为:①公众参与的主体无需由任何部门或专家决定,只需政府相关部门在进行到海洋功能区划的每一个环节时及时通过各种公开途径告知公众,并允许任何层面的公众都可参与,同时应在海洋行政主管部门的政府网站上开设"意见收集反馈公告板块",让不方便到场的公众通过网络发表自己的意见;②公众的观点只要是有利于当地海洋开发与保护的协调发展的就应采纳,而不论该观点出于哪个层级的公众,只有这样才能保证公众参与的公平有效性。

3.3.3 引入"预警原则"

"预警原则"起源于20世纪70年代至20世纪80年代的德国①和瑞士②国内环境法中。《里约环境与发展宣言》(Rio Declaration on Environment and Development)的第15条原则(Principle 15)作出了如下表述:"为了保护环境,各国应根据它们的能力广泛采取预警措施,凡遇可能造成严重的或不可挽回的损害的地方,则不能把缺乏充分的科学肯定性作为推迟采

---

① Cameron, Fraser K.. The Greenhouse Effect: Proposed reforms for the Australian environmental regulatory regime [J]. Columbia Journal of Environmental Law,2000,(25):359.

② Sand, Peter H.. Transnational Environmental Law [M]. Hague:Kluwer Law International Ltd.,1999. p.132.

取防止环境退化的符合成本效益的措施的理由。"①

《里约环境与发展宣言》第 15 条原则的行文中虽然提到的是"预警方法"(precautionary approach),但由于该段行文乃是为了解释"第 15 条原则",所以该段文字应该看成是《里约环境与发展宣言》对"预警原则"(precautionary principle)所作的定义。虽然"预警原则"尚有其他诸多的定义②,但是这些所有的阐述都有一个共同点,即面对不确定性时都应采取"前瞻性"(anticipatory)的行动。③

这里需要提及的是,"预警"(Precaution)原则和"预防"(Prevention)原则是不同的,它们之间有着下述巨大的差别。

(1)确凿科学证据的差别——"预警"原则所要解决的问题是那些无确凿科学根据证明的环境风险,而"预防"原则所要解决的则是那些有确凿科学根据证明的环境风险,这是"预警"原则和"预防"原则的根本差别所在。④

---

①　《里约环境与发展宣言》(Rio Declaration on Environment and Development)第 15 条原则的英文原文为,"Principle 15: In order to protect the environment, the precautionary approach shall be widely applied by States according to their capabilities. Where there are threats of serious or irreversible damage, lack of full scientific certainty shall not be used as a reason for postponing cost-effective measures to prevent environmental degradation."参见 The United Nations Conference on Environment and Development. Rio Declaration on Environment and Development [EB/OL]. [2011-04-20]. http://www.unep.org/Documents.Multilingual/Default.asp? DocumentID=78&ArticleID=1163.

②　Sandin P. Dimensions of the precautionary principle [J]. Human and Ecological Risk Assessment, 1999, 5(5): 889-907.

③　Joel A. Tickner, Ken Geiser. The precautionary principle stimulus for solutions—and alternatives-based environmental policy [J]. Environmental Impact Assessment Review, 2004, (24): 801-824.

④　Sanderson H, Petersen S. Power analysis as a reflexive scientific tool for interpretation and implementation of the precautionary principle in the Europe Union [J]. Environmental Science & Pollution Research, 2002, 9: 221-226.

(2) 举证责任的差别——"预警"原则要求的是"举证责任倒置"①（reversing the burden of proof），即那些造成风险的单位或个人有义务知悉这些风险，并证明其做法具有足够的安全性②；而"预防"原则则是按照传统的"谁主张，谁举证"的举证责任来采取措施的，即那些主张采取环境保护措施的单位或个人有义务证明某项活动具有环境风险或环境危害，只有证明该项活动和某项环境风险或环境危害存在因果关系后，才能采取环境保护措施。

(3) 法律地位的差别——①从国际法看，由于"预防"原则确立较早，目前国际社会普遍公认其为国际习惯法原则；③而"预警"原则虽然从国际条约、国际司法机构判例，以及各国立法和司法实践三个角度来考察分析，都已表明其已成为各国和国际社会所广泛接受的环境资源保护实践的重要依据，但由于其概念的模糊性，实施条件的不确定性等因素，而只能认定其是正在形成之中的国际习惯法。④ ②从我国国内法看，目前我国的资源环境保护规范性文件（其中包括海洋环境保护规范性文件）甚少直接提及"预警"原则，而采取的几乎都是"预防"原则，有的规范性文件条文采取的是"防治"或是"防止"的措辞，即"预防和

---

① "举证责任倒置"是一种特殊的证明规则，即原告提出的事实主张不由其提出证据加以证明，而由被告承担证明该事实不存在的义务。参见蔡守秋. 环境资源法教程[M]. 北京：高等教育出版社，2004：413.

② Joel A. Tickner, Ken Geiser. The precautionary principle stimulus for solutions—and alternatives-based environmental policy [J]. Environmental Impact Assessment Review, 2004,(24)：801 - 824.

③ 褚晓琳. 海洋生物资源养护中的预警原则研究[M]. 上海：世纪出版集团,上海人民出版社,2010：44.

④ 同上：39.

治理"或"预防和阻止",其本质上也还是以"预防"作为其指导原则的。

本书认为,从以上三点差别的内容看,"是否需要确凿的科学证据"和"举证责任是否倒置"可以作为判定某一规定或某一做法是采取"预警原则"抑或采取"预防原则"的两个标准。至于第三点"法律地位的差别",这是一种表现形式上的差别,且笔者相信此种差别将会随着时间的推移而慢慢淡化,所以该点不能成为判定标准。

如前所述,"预防原则"作为我国资源环境保护法律法规中的指导原则已行之有年,且仍然处于绝对的主导地位。我国明确规定采用"预防原则"的资源环境保护法律及其主要条款列举如下。

(1)《中华人民共和国环境保护法》①,其第1条规定"为保护和改善生活环境与生态环境,防治污染和其他公害,保障人体健康,促进社会主义现代化建设的发展,制定本法";第7条第3款规定"国家海洋行政主管部门港务监督、渔政渔港监督、军队环境保护部门和各级公安、交通、铁道、民航管理部门,依照有关法律的规定对环境污染防治实施监督管理";第13条第2款规定"建设项目的环境影响报告书,必须对建设项目产生的污染和对环境的影响作出评价,规定防治措施,经项目主管部门预审并依照规定的程序报环境保护行政主管部门批准,环境影响报告书经批准后,计划部门方可批准建设项目设计书";第15条规定

---

① 中华人民共和国第七届全国人民代表大会常务委员会. 中华人民共和国环境保护法[EB/OL]. [2011-04-20]. http://baike.baidu.com/view/38920.htm.

"跨行政区的环境污染和环境破坏的防治工作;由有关地方人民政府协商解决,或者由上级人民政府协调解决,作出决定";第20条规定"各级人民政府应当加强对农业环境的保护,防治土壤污染、土地沙化、盐渍化、贫瘠化、沼泽化、地面沉降和防治植被破坏、水土流失、水源枯竭、种源灭绝以及其他生态失调现象的发生和发展,推广植物病虫害的综合防治,合理利用化肥、农药及植物生长激素",第4章专章为"防治环境污染和其他公害";第5章"法律责任"中也对"防治能力"和"防治污染设施"作出了一些相关的规定。

(2)《中华人民共和国环境影响评价法》①,其第1条规定"为了实施可持续发展战略,预防因规划和建设项目实施后对环境造成不良影响,促进经济、社会和环境的协调发展,制定本法";第2条规定"本法所称环境影响评价,是指对规划和建设项目实施后可能造成的环境影响进行分析、预测和评估,提出预防或者减轻不良环境影响的对策和措施,进行跟踪监测的方法与制度";第7条第2款规定"规划有关环境影响的篇章或者说明,应当对规划实施后可能造成的环境影响作出分析、预测和评估,提出预防或者减轻不良环境影响的对策和措施,作为规划草案的组成部分一并报送规划审批机关";第10条规定"专项规划的环境影响报告书应当包括下列内容:……(二)预防或者减轻不良环境影响的对策和措施……";第24条规定"建设项目的环境影响评价文件经批准后,建设项目的性质、规模、地点、采用的生

---

① 中华人民共和国第九届全国人民代表大会常务委员会.中华人民共和国环境影响评价法[EB/OL].[2011-04-20].http://baike.baidu.com/view/414736.htm.

产工艺或者<u>防治</u>污染、<u>防止</u>生态破坏的措施发生重大变动的,建设单位应当重新报批建设项目的环境影响评价文件"。

(3)《中华人民共和国大气污染防治法》①,其第 1 条规定"为<u>防治</u>大气污染,保护和改善生活环境和生态环境,保障人类健康,促进经济和社会的可持续发展,制定本法",其后各章均是围绕着大气污染"防治"的各个方面而展开的。

(4)《中华人民共和国水污染防治法》②,其第 1 条规定"为了<u>防治</u>水污染,保护和改善环境,保障饮用水安全,促进经济社会全面协调可持续发展,制定本法";第 3 条规定"水污染防治应当坚持<u>预防</u>为主、<u>防治</u>结合、综合治理的原则,优先保护饮用水水源,严格控制工业污染、城镇生活污染,<u>防治</u>农业面源污染,积极推进生态治理工程建设,预防、控制和减少水环境污染和生态破坏",该部法律也是围绕着水污染"防治"的各个方面展开的。

(5)《中华人民共和国海洋环境保护法》③,其第 1 条规定"为了保护和改善海洋环境,保护海洋资源,<u>防治</u>污染损害,维护生态平衡,保障人体健康,促进经济和社会的可持续发展,制定本法",其后还以专章的形式分别从陆源污染物、海岸工程、海洋工程、倾倒废弃物及船源污染对海洋环境损害的"防治"进行了规定。

---

① 中华人民共和国第九届全国人民代表大会常务委员会. 中华人民共和国大气污染防治法[EB/OL]. [2011 - 04 - 20]. http://www.envir.gov.cn/law/air.htm.

② 中华人民共和国第六届全国人民代表大会常务委员会. 中华人民共和国水污染防治法[EB/OL]. [2011 - 04 - 20]. http://www.gov.cn/flfg/2008-02/28/content_905050.htm.

③ 中华人民共和国第五届全国人民代表大会常务委员会. 中华人民共和国海洋环境保护法[EB/OL]. [2011 - 04 - 20]. http://baike.baidu.com/view/250729.htm? fromenter＝％BA％A3％D1％F3％BB％B7％BE％B3％B1％A3％BB％A4％B7％A8.

（6）《中华人民共和国渔业法》①，其第 35 条规定"进行水下爆破、勘探、施工作业，对渔业资源有严重影响的，作业单位应当事先同有关县级以上人民政府渔业行政主管部门协商，采取措施，<u>防止</u>或者减少对渔业资源的损害，造成渔业资源损失的，由有关县级以上人民政府责令赔偿"。

（7）《中华人民共和国野生动物保护法》②，其第 29 条规定"有关地方政府应当采取措施，<u>预防</u>、控制野生动物所造成的危害，保障人畜安全和农业、林业生产"。

（8）《中华人民共和国农业法》③，其第 59 条规定"各级人民政府应当采取措施，加强小流域综合治理，<u>预防</u>和治理水土流失，从事可能引起水土流失的生产建设活动的单位和个人，必须采取<u>预防</u>措施，并负责治理因生产建设活动造成的水土流失，各级人民政府应当采取措施，<u>预防</u>土地沙化，治理沙化土地……"；第 60 条规定"国家实行全民义务植树制度。各级人民政府应当采取措施，组织群众植树造林，保护林地和林木，<u>预防</u>森林火灾，防治森林病虫害，制止滥伐、盗伐林木，提高森林覆盖率"。

（9）《中华人民共和国矿产资源法》④，其第 32 条第 1 款规

① 中华人民共和国第六届全国人民代表大会常务委员会. 中华人民共和国渔业法［EB/OL］.［2011 - 04 - 20］. http://www. gov. cn/ziliao/flfg/2005-08/05/content_20812. htm.

② 中华人民共和国第十届全国人民代表大会常务委员会. 中华人民共和国野生动物保护法［EB/OL］.［2011 - 04 - 20］. http://baike. baidu. com/view/72186. htm.

③ 中华人民共和国第八届全国人民代表大会常务委员会. 中华人民共和国农业法［EB/OL］.［2011 - 04 - 20］. http://news. xinhuanet. com/zhengfu/2002-12/30/content_674382. htm.

④ 中华人民共和国第六届全国人民代表大会常务委员会. 中华人民共和国矿产资源法［EB/OL］.［2011 - 04 - 20］. http://www. mlr. gov. cn/zwgk/flfg/kczyflfg/200406/t20040625_292. htm.

定"开采矿产资源,必须遵守有关环境保护的法律规定,防止污染环境"。

(10)《中华人民共和国安全生产法》①,其第 1 条规定"为了加强安全生产监督管理,防止和减少生产安全事故,保障人民群众生命和财产安全,促进经济发展,制定本法",第 3 条规定"安全生产管理,坚持安全第一、预防为主的方针"。

(11)《中华人民共和国港口法》②,其第 26 条第 3 款规定"港口经营人应当依照有关环境保护的法律、法规的规定,采取有效措施,防治对环境的污染和危害",第 32 条第 2 款规定"港口经营人应当依法制定本单位的危险货物事故应急预案、重大生产安全事故的旅客紧急疏散和救援预案以及预防自然灾害预案,保障组织实施",第 33 条规定"港口行政管理部门应当依法制定可能危及社会公共利益的港口危险货物事故应急预案、重大生产安全事故的旅客紧急疏散和救援预案以及预防自然灾害预案,建立健全港口重大生产安全事故的应急救援体系"。

与上述的这些法律层级的规范性文件相适应,我国其他关于资源环境保护的行政法规,地方性法规、行政规章及行政规范层级的规范性文件也都几乎是以"预防"作为其指导原则的,其中有明确规定采用"预防"原则的规范性文件主要包括:①《海洋倾废管理条例》(第 1 条);②《防治海洋工程建设项目污染损害

---

① 中华人民共和国第九届全国人民代表大会常务委员会. 中华人民共和国安全生产法[EB/OL]. [2011 - 04 - 20]. http://www.gov.cn/banshi/2005-08/05/content_20700. htm.

② 中华人民共和国第十届全国人民代表大会常务委员会. 中华人民共和国港口法[EB/OL]. [2011 - 04 - 20]. http://baike. baidu. com/view/439659. htm.

海洋环境管理条例》(第 1,8,22,25,26,29,36,37,38,41,42,45,51 条);③《防治海岸工程建设项目污染损害海洋环境管理条例》(第 9,19,25 条);④《防治陆源污染物污染损害海洋环境管理条例》(第 1,11,18,21 条);⑤《防止船舶污染海域管理条例》(第 1,9,10,15,17,18,23,34,35,38 条);⑥《海洋石油勘探开发环境保护管理条例》(第 1,6,8,14 条);⑦《排污费征收使用管理条例》(第 5 条);⑧《渔业法实施细则》(第 18 条);⑨《水污染防治法实施细则》(第 24,29,31,36,39 条);⑩《渔业船舶检验条例》(第 1 条);⑪《水生野生动物保护实施条例》(第 15 条);⑫《防止拆船污染环境管理条例》(第 1,10,12 条);⑬《船舶和海上设施检验条例》(第 1,8 条);⑭《建设项目环境保护管理条例》(第 1,4,17 条);⑮《海洋自然保护区管理办法》(第 18 条);⑯《海洋特别保护区管理办法》(第 40 条);⑰《福建省海洋环境保护条例》(第 1,4,10,12,14,18,21,33 条)。

虽然我国关于资源环境保护的各级规范性文件依然主要是以"预防"作为其指导原则的,但是本书认为,"预警原则"在我国的资源环境保护法律体系中并不是不存在的。例如,《海域法》第 29 条第 2 款规定:"海域使用权终止后,原海域使用权人应当拆除可能造成海洋环境污染或者影响其他用海项目的用海设施和构筑物"①,同时该法的第 47 条规定:"违反本法第 29 条第 2 款规定,海域使用权终止,原海域使用权人不按规定拆除用海设施和构筑物的,责令限期拆除,逾期拒不拆除的,处五万元以下

---

① 第九届全国人民代表大会常务委员会. 中华人民共和国海域使用管理法 [EB/OL]. [2011 - 04 - 20]. http://baike. baidu. com/view/277454. htm? fromenter＝％ BA％ A3％ D3％ F2％ CA％ B9％ D3％ C3％ B9％DC％C0％ED％B7％A8.

的罚款,并由县级以上人民政府海洋行政主管部门委托有关单位代为拆除,所需费用由原海域使用权人承担"①。本书认为,《海域法》的第 29 条第 2 款虽然没有明确提及"预警原则",但实际上就是"预警原则"的隐性体现,结合前文总结的关于"预警原则"和"预防原则"的两个判定标准,分析原因如下所述。

(1) 无需确凿的科学证据——该法条规定的是只要原海域使用权人所建造的用海设施和构筑物有"可能"造成海洋环境污染或者影响其他用海项目,就应当拆除。也就是说,无需确凿的科学证据去证明原海域使用权人的用海设施和构筑物与"海洋环境污染"或者"影响其他用海项目"之间有必然的因果关系,只需有可能性,拆除行动就是必需的,并且是合法的。

(2) 举证责任已倒置——根据该法条,如果有单位或个人提出原海域使用权人先前建立的用海设施和构筑物"可能"造成海洋环境污染或者影响其他用海项目的主张,原海域使用权人若想保留先前的用海设施和构筑物,就有义务证明其用海设施和构筑物"不可能"造成海洋环境污染或者影响其他用海项目,而证明"不可能性"就意味着要证明"排除一切可能性",其中的难度可想而知。相比之下,提出一种"可能性"的难度则可忽略不计,所以该法条实际上已将举证责任分配给了原海域使用权人,若原海域使用权人举证不能,又不拆除相关的用海设施和构筑物,则就要承担上文所提到的《海域法》第 47 条所规定的法律后果,以上这些情况完全符合"举证责任倒置"的定义。

---

① 第九届全国人民代表大会常务委员会. 中华人民共和国海域使用管理法[EB/OL]. [2011 - 04 - 20]. http://baike. baidu. com/view/277454. htm? fromenter＝％BA％A3％D3％F2％CA％B9％D3％C3％B9％DC％C0％ED％B7％A8.

除了《海域法》第 29 条第 2 款这种隐性的运用"预警原则"之外,实际上,我国也有明确提及运用"预警原则"的规范性文件。例如,《渔业船舶水上安全突发事件应急预案》①(农办发[2005]13 号)中明确提及预警信息应包括气象、海洋、水文等自然灾害预报信息,以及可能威胁水上人员生命、财产安全或造成水上安全突发事件发生的其他信息等,并提出要建立预警支持系统。此外,该《应急预案》还对渔业船舶水上安全突发事件的等级进行了划分:①特别重大突发事件(Ⅰ级)——指死亡(失踪)30 人以上,或危及 50 人以上的生命安全;②重大突发事件(Ⅱ级)——指死亡(失踪)10 至 29 人,或危及 30 至 49 人生命安全;③较大突发事件(Ⅲ级)——指死亡(失踪)3 至 9 人,或危及 10 至 29 人生命安全;④一般突发事件(Ⅳ级)——指死亡(失踪)1 至 2 人,或危及 9 人以下生命安全。在此基础上,该《应急预案》针对上述的安全突发事件等级建立了相应的部、省、地(市)、县四级应急响应机制,不同级别的突发事件将触发其相对应应急响应机制的启动。不仅如此,该《应急预案》还规定无论发生任何级别的渔业船舶水上安全突发事件,县级渔业行政主管部门都应首先启动预案,且省、地(市)、县级渔业行政主管部门在启动本级预案时,若发现由于能力和条件不足等特殊原因不能有效处置突发事件,便可请求上级渔业行政主管部门启动相应级别的预案。从该《应急预案》可以看出,启动应急措施无需确凿的科学证据,只要某一渔业船舶水上安全突发事件有可

---

① 农业部.渔业船舶水上安全突发事件应急预案[EB/OL].[2011-04-21]. http://wenku. baidu. com/view/127b69659b6648d7c1c746a9. html.

能危及人的生命,渔业行政主管部门就会启动相应的应急机制,并且应急机制启动的级别也不完全限定在其事先规定的层级内,充分体现了"预警原则"在自然灾害和突发事件应急预案中的灵活性和重要性。

通过上述的总结,可以知道,虽然"预警原则"在我国现行的资源环境保护法律体系中所占的"权重"极其有限,但是依然有其生存空间,可见本书所提及将"预警原则"引入海洋功能区划的制定过程是有其扎根的法律土壤的。不仅如此,在制定环境政策或为环境政策证明其合法性的过程中,"预警原则"正日趋成为其间的关键性环节。① 如本书在第 3.3.2 节中所提及的那样,海洋功能区划从某种意义上来说就是一项环境决策过程,而在这一过程中引入"预警原则",将会对保持海洋功能区划的科学性助益极大。

---

① Gray, J. S.. Statistics and the precautionary principle [J]. Mar. Poll. Bull., 1990, (21): 174 - 176; Wynne, B.. Uncertainty and environmental learning: reconceiving science and policy in the preventive paradigm [J]. Global Environ. Change, 1992, (2): 111 - 127; Fairweather. P. G.. Links between ecology and ecophilosophy, ethics and the requirements of environmental management [J]. Aust. J. Ecol., 1993, (18): 3 - 19; Myers, N.. Biodiversity and the precautionary principle [J]. Ambio, 1993, (22): 74 - 79; Paul M. Gilliland, Dan Laffoley. Key elements and steps in the process of developing ecosystem-based marine spatial planning [J]. Marine Policy, 2008, (32): 787 - 796; Frank Maes. The international legal framework for marine spatial planning [J]. Marine Policy, 2008, (32): 797 - 810; Melissa M. Foley, Benjamin S. Halpern, Fiorenza Micheli, etc. Guiding ecological priciples for marine spatial planning [J]. Marine Policy, 2010, (34): 955 - 966; Elizabeth M. De Santo. "Whose science?" precaution and power-play in European marine environmental decision-making [J]. Marine Policy, 2010, (34): 414 - 420.

通常来说,环境政策都是在关于环境问题本身和/或替代方案影响的相关信息不完善的时候作出的,①海洋功能区划的制定也不例外。同时,由于对海洋环境复杂性的充分科学认识在时间上往往都会迟于海洋环境保护行动的开展,②所以这就更需要把"预警原则"纳入海洋功能区划的决策过程。国内曾有研究者在进行浙江象山港环境容量和总量控制研究的过程中,将"预警原则"运用于当地的海洋功能区划中,处理了资源利用的矛盾冲突,取得了显著的效果。③

至于将"预警原则"引入海洋功能区划过程中需注意的要点,本书认为,不妨借鉴《预警原则的温斯布莱德声明》④(Wingspread Statement on the Precautionary Principle⑤)中所提到的观点:

---

① Underdal A. Science and politics: the anatomy of an uneasy partnership [A]. In: Andresen S, Skodvin T, Underdal A, Wettestad J, editors. Science and Politics in International Environmental Regime: Between Integrity and Involvement [M]. Manchester: Manchester University Press, 2000. pp. 1 - 21.

② Wilson J. Matching social and ecological systems in complex ocean fisheries [J]. Ecology and Society, 2006,11(1):9 - 30; Wilson J. Scientific uncertainty, complex systems and the design of common-pool institutions [A]. In: Ostrom E, Dietz T, Dolsak N, Stern PC, Stonich S, Weber EU, editors. The Drama of the Commons [M]. Washington, DC: National Academy Press, 2002. pp. 327 - 359; Hartvigsen G, Kinzig A, Peterson G. Use and analysis of complex adaptive systems in ecosystem science [J]. Ecosystems, 1998,1(5):427 - 430.

③ 张珞平,陈伟琪,洪华生. 预警原则在环境规划与管理中的应用 [J]. 厦门大学学报(自然科学版),2004,43(增刊):221 - 224.

④ 该《声明》是于1998年1月23日至1月25日在美国的威斯康辛州起草并定稿的,共有32位专家学者参与了该《声明》的撰写工作,他们均来自知名学府,著名研究机构,国际组织及州众议院等颇有影响力的部门。

⑤ Nicholas Ashford, Katherine Barrett, Anita Bernstein, etc. Wingspread statement on the precautionary principle [EB/OL]. [2011 - 04 - 23]. http://www.gdrc.org/u-gov/precaution-3.html.

"适用'预警原则'的过程必须是公开的,广为告知的,并且是民主的,还必须包括可能潜在受到影响的各方团体;它还必须对替代方案(包括不采取任何行动)进行全方位的审查"①。在此《声明》中,实际上提到的适用"预警原则"时的要点有两个:①公众参与;②审查替代方案。本书认为这两个要点在适用"预警原则"的过程中,审查替代方案处于基础性的地位。

这里需要事先明确的是,"审查替代方案"的前提是有替代方案可审。替代方案对于海洋功能区划而言是极为重要的,因为替代方案能将原先只关注潜在有害活动"可接受性"(acceptability)的注意力转移到思考政府部门或者活动建议者还能做些什么,②这就能避免在海洋功能区划中的思维僵硬,同时也为作为非专业人士的公众来参与海洋功能区划编制提供了一条极为重要并且具有实质意义的途径。然而,在我国现行《海洋功能区划技术导则》所规定的海洋功能区划工作程序和步骤中并无规定在海洋功能区划编制的过程中应提出替代方案,③致使"替代方案"成了海洋功能区划编制过程中的选做科目。由此也可见,欲将"预警原则"实质性地引入海洋功能区划,首先要做的就是在《海洋功能区划技术导则》中添加制定替代方案的强

---

① 该段文字的英文原文为:The process of applying the Precautionary Principle must be open, informed and democratic, and must include potentially affected parties. It must also involve an examination of the full range of alternatives, including no action.

② Joel A. Tickner, Ken Geiser. The precautionary principle stimulus for solutions—and alternatives-based environmental policy [J]. Environmental Impact Assessment Review, 2004, (24): 801 - 824.

③ 中华人民共和国国家质量监督检验检疫总局,中国国家标准化管理委员会.《海洋功能区划技术导则》(GB/T 17108 - 2006)[S]: 3 - 7.

制性要求。

在有了制定替代方案的强制性要求之后,对替代方案实施审查以落实"预警原则"的适用便有了现实可能性。如前所述,按照《海洋功能区划技术导则》,编制海洋功能区划的工作程序分为准备工作、资料收集、海洋开发保护现状与面临的形势分析、海洋功能区的划分、成果编制、成果审核及报批七个阶段,[①]本书认为,在这七个工作程序中:①在海洋功能区的划分阶段,就应根据之前的工作同步制定替代方案,且在制定替代方案的过程中,必须有公众的参与,这在本书第3.3.2节中亦有论述;②在成果审核阶段,则应对替代方案进行广泛且仔细的审核,公众应以"谈判"的方式参与审核,审核内容应包括主方案和替代方案的异同点分析、各自的风险,以及确定优劣的标准等,在确定最终的海洋功能区划方案后,应就选择的和未选择的方案各自给出合理的理由。

此外需要特别注意的是,在制定海洋功能区划主方案和替代方案的过程中,"预警原则"不仅仅只要求要考虑区划海域的环境不确定性,更要考虑区划海域外围用海项目的"前摄性"影响和区划海域内各用海项目的"累加性"影响,只有充分考虑到了"前摄性"和"累加性"的影响,才能使"预警原则"在海洋功能区划的实际运用中得到体现。

最后,在海洋功能区划中引入"预警原则",并不是为了绝对的环保主义,更不是为了故步自封舍弃开发海洋资源的权利,而是为了能从源头上控制,至少是降低海洋污染的发生率。"预警

---

① 中华人民共和国国家质量监督检验检疫总局,中国国家标准化管理委员会.《海洋功能区划技术导则》(GB/T 17108 - 2006)[S]:3.

原则"作为可持续发展理念下的一种环境保护原则,它绝对不等同于动辄得咎的绝对环境保护主义思想。"预警原则"在其实施过程中之所以遭遇诸多的抵制,是因为其本质要点没有被清晰地认识到。本书认为,"预警原则"的本质要点有二:①其所主张的环境风险是可以经过合理的推理得出的;②其所主张采取的应对措施在各种成本总和上与其所主张的环境风险是相适应的。只要认清这两点,本书相信,将"预警原则"引入海洋功能区划的工作程序中,不仅不会阻碍海洋经济的发展,而且还能为海洋经济的持续稳定健康发展从源头上保驾护航。

第 4 章　以海洋环境保护为导向的
我国海洋功能区研究

4.1　概　　述

如前所述,"海洋功能区"是根据海域及海岛的自然资源条件、环境状况、地理区位、开发利用现状,并考虑国家或地区经济与社会持续发展的需要,所划定的具有最佳功能的区域,是海洋功能区划最小的功能单元。[①] 可以说,确定海洋功能区是海洋功能区划最重要的成果之一,并且也是后续所有海洋开发、利用及管理工作的基础。

迄今为止,我国海洋功能区的分类体系主要经历了三个阶段:①1990—1995 年进行的全国海洋功能区划,建立了海洋功能区五类三级的分类系统;②1998 年开始的全国大比例尺海洋功能区划,采用的是 1997 年国家技术监督局颁布的《海洋功能区划技术导则》(GB 17108 - 1997),建立的是海洋功能区五类

---

① 　中华人民共和国国家质量监督检验检疫总局,中国国家标准化管理委员会.《海洋功能区划技术导则》(GB/T 17108 - 2006)[S]:1.

四级的体系,分为开发利用区、整治利用区、海洋保护区、特殊功能区和保留区五大类,每一大类以下再分出若干子类、亚类和种类;③现行的是由国家质检总局和国家标准委于 2006 年 12 月批准发布的新修订的《海洋功能区划技术导则》(GB/T 17108 - 2006),建立的是海洋功能区十类二级的分类体系。① "五类三级"和"五类四级"的分类体系基本相同,"十类二级"的分类体系则是在"五类四级"的基础上作了较大的修改而来的,本书对此修改作了对比,汇总于表 4 - 1。

表 4 - 1　2006 版"十类二级"海洋功能区分类体系修改情况一览表

备注	一级类		二级类	
	代码	名　称	代码	名　称
除"2.3 增殖区"外,1.1—7.6 均原属于"五类四级"的第一大类"开发利用区";而2.3"增殖区"原属于"五类四级"的第二大类"整治利用区",并且是该大类里唯一还保留的指标,被删除的其他七项指标分别为	1	港口航运区(由"港口"亚类和"海上航运区"亚类合并而成)	1.1	港口区(已排除"渔港")
			1.2	航道区
			1.3	锚地区
	2	渔业资源利用和养护区(由"生物资源开发利用区"子类演变而成)	2.1	渔港和渔业设施基地建设区(新增)
			2.2	养殖区
			2.3	增殖区(原属"资源恢复保护区"子类)
			2.4	捕捞区
			2.5	重要渔业品种保护区(新增)
	3	矿产资源利用区(由"矿产资源开发利用区"子类演变而成)	3.1	油气区
			3.2	固体矿产区(不再细分金属矿与非金属矿)
			3.3	其他矿产区(新增)

①　林桂兰,谢在团.海洋功能区划理论体系与编制方法的思考[J].海洋开发与管理,2008,(8):10 - 16.

备注	一级类		二级类	
	代码	名　称	代码	名　称
"禁渔区"、"地下水禁采和限采区"、"防护林带"、"污染防治区"、"海岸防侵蚀区"、"防风暴区"及"防海冰区"	4	旅游区（原属于"空间资源开发利用区"子类中的一个亚类）	4.1	风景旅游区（经细化而来）
			4.2	度假旅游区（经细化而来）
	5	海水资源利用区（由"化学资源开发利用区"子类演变而成）	5.1	盐田区
			5.2	特殊工业用水区（新增，包括"地下卤水"）
			5.3	一般工业用水区（新增）
	6	海洋能利用区（由"海洋能和风能开发利用区"子类删除"风能区"亚类而成的）	6.1	潮汐能区（经细化而来）
			6.2	潮流能区（经细化而来）
			6.3	波浪能区（经细化而来）
			6.4	温差能区（经细化而来）
	7	工程用海区（由"海上工程利用区"子类演变而成，删除了"海上工程建筑区"亚类）	7.1	海底管线区
			7.2	石油平台区（新增）
			7.3	围海造地区（新增）
			7.4	海岸防护工程区（新增）
			7.5	跨海桥梁区（新增）
			7.6	其他工程用海区（新增）
原属于第三大类	8	海洋保护区（即为"海洋保护区"大类）	8.1	海洋自然保护区（不再细分）
			8.2	海洋特别保护区
原属于第四大类	9	特殊利用区（由"特殊功能区"大类删除"泄洪区"子类而成）	9.1	科学研究试验区
			9.2	军事区
			9.3	排污区
			9.4	倾倒区

一级类			二级类	
备注	代码	名　称	代码	名　称
原属于第五大类	10	保留区（即为"保留区"大类）	10.1	保留区（不再细分为"预留区"子类和"功能待定区"子类）

（备注："十类二级"还删除了"农、林、牧区"、"工业和城镇建设区"及"核能利用区"）

注：本表以 2006 版的海洋功能区划分类体系表为母表，在（）中标示出其与 1997 版分类体系的修改关系。

通过表 4 - 1 的比较，不难看出 2006 版的"十类二级"标准是在 1997 版的"五类四级"标准上发展而来的，其修改主要有以下特点：①根据海洋产业发展的实际情况，新增或具体明确了一些海洋功能区，如"跨海桥梁区"、"围海造地区"及"特殊工业用水区"；②对原先一些较为笼统的海洋功能区提法，根据科技发展的实际水平进行了细化，如"潮汐能区"、"潮流能区"、"波浪能区"及"温差能区"；③根据某些功能区的经济重要性，将其地位作了大幅提升，如"港口航运区"及"旅游区"；④删除了毗邻海域的陆域指标，如"地下水禁采和限采区"、"防护林带"及"农、林、牧区"等。

总体来说，"十类二级"标准比"五类四级"标准对各功能区的描述更加准确，也更一目了然，并且反映了当今的科技发展水平和海洋新兴产业，但是从海洋环境保护的视角来看，其有一隐忧，即删除了毗邻海域的陆域区划指标。究其原因，本书认为可能是 2006 版"十类二级"的标准制定者考虑了《海域法》的因素。①

---

①　1997 版的《海洋功能区划技术导则》施行的时候，《海域法》还未出台。

（1）本书在第3.1.2节已论述过，海洋功能区划实施范围的内部界限止于海岸线，即平均大潮的高潮线，而由于海洋功能区划的开展从法律本质上看应属于一种行政行为，而作出行政行为必须要有明确的法律授权，这是"依法行政"的本质要求所在，所以在《海域法》、《地形图图式国家标准》和《海图图式国家标准》的明确规定下，作为海洋功能区划实施范围内部界限的海岸线已经具体化，此时由海洋行政主管部门牵头开展的海洋功能区划已无权逾越海岸线，也就同时意味着在海岸线向陆一侧的区划工作从法律上来讲已超出了海洋功能区划的实施范围。

（2）与上述海洋功能区划实施范围内部界限相衔接的，在《海域法》的第15条，明确规定了"沿海土地利用总体规划、城市规划、港口规划涉及海域使用的，应当与海洋功能区划相衔接"，所以标准制定者就将毗邻海域的陆域指标删除，而将其留给陆域规划本身来完成。

本书之所以认为删除毗邻海域的陆域区划指标对于海洋环境保护而言是一项隐忧，原因在于如本书第3.3.1节所述，"重陆轻海"的思想在我国本来已根深蒂固，而在此种情况下2006版的"十类二级"海洋功能分区标准又将毗邻海域的陆域指标删除了，并将其交到了本来就处于强势地位的各项陆域规划手中，这对海洋环境保护而言不得不说具有潜在的风险。那是否可以通过本书第3.3.3节中提到的"预警原则"来扩大海洋功能区划的实施范围从而加以解决呢？答案是否定的。因为如前所述，对于海洋功能区划实施范围的内部界限实际上有着明确的法律规定，即止于海岸线，而在有着明确法律规定的前提下，行政主体不能随意做出与法律规定不相一致的行政行为，除非执行法律会导致明显的不公或者荒谬的结果。① 很显然,删除原先海洋功能分区体系中的毗邻海域的陆域指标并不会导致明显的不公或者荒谬的结果,所以无法适用法律原则来变更法律的规定,更何况,如本书在第 3.3.3 节中所总结的,"预警原则"在我国并未确立为环境保护中的法律原则。那又如何来解决这项"隐忧"呢?本书认为,解决的途径还应从坚持"以海定陆"原则入手,从《海域法》的第 15 条可以清楚地看到,《海域法》实际上已将各项陆域规划与海洋功能区划的衔接责任分配给了陆域规划,所以要解决这项隐忧,还是应将"以海定陆"原则引入海洋功能区划的编制和修编过程中,这在本书的第 3.3.1 节中已有较为详细的探讨,在此不再赘述。

从表 4-1 中可以看出,在我国目前的海洋功能的分区体系中,以海洋环境保护为导向的功能区只有第八类"海洋保护区",而其他九类海洋功能区均是以海洋的开发和利用为导向的。在此需说明的是,在其他九类的海洋功能区中,唯一没有确定用途的就是第十类"保留区",而从《海洋功能区划技术导则》(GB/T 17108-2006)对"保留区"的定义:"保留区是指目前尚未开发利用,且在区划期限内也不宜开发利用的海域"②,可以看出,"保留区"的设置主要是为了将来更好地开发利用海洋而作出的预

---

① 本书举一例子来说明何为"导致明显的不公或者荒谬的结果":按照《中华人民共和国道路交通安全法》第 42 条的规定"机动车上道路行驶,不得超过限速标志标明的最高时速",否则就应承担相应的法律后果,若某一马上就要分娩的女士乘坐上一辆出租车欲往医院,该出租车司机为了能及时将该女士送达最近的医院,便在限速六十公里每小时的路段将车速提到了八十公里每小时,途中也无其他意外情况发生,在这种情况下,若交警同志对该名司机的此次超速行为进行了法律规定的相应罚款,就属于导致了明显的不公或者荒谬的结果。

② 中华人民共和国国家质量监督检验检疫总局,中国国家标准化管理委员会.《海洋功能区划技术导则》(GB/T 17108-2006)[S]:16.

留,并不是主要出于保护海洋环境的目的。这一点从《海洋功能区划技术导则》对"保留区"的海水水质质量、海洋沉积物质量、海洋生物质量以及生态环境所作出的环境保护要求均为"维持现状"①也可看出。因为若欲对某一海域实施环境保护,则对上述的海水水质质量、海洋沉积物质量、海洋生物质量以及生态环境这些控制指标必定有严格的要求,例如,对"海洋自然保护区"的上述四项指标的要求均为"不劣于一类"②。当然,对于"预留区"日后的定位尚存在一种可能,即"预留区"上述四项控制指标的现状均为"不劣于一类",并且在"预留区"确实具有重要的生态价值,本书也并不完全排除在某些地区会将"预留区"变更成为"海洋保护区"的可能,但在"预留区"变更成为"海洋保护区"之前,其日常的管理工作仍然不是以"海洋保护区"的标准进行的,所以其导向仍然不是海洋环境保护,而若"预留区"能变更成为以海洋环境保护为导向"海洋保护区",其"预留区"的"原始身份"也将不存在,即若欲对"预留区"实施以海洋环境保护为导向的管理工作,从法理上,必须是在其变更为"海洋保护区"之后才能进行的。

综上所述,在我国现行的海洋功能区分类体系中,以海洋环境保护为导向的海洋功能区只有"海洋保护区"。

4.2 我国海洋保护区研究

4.2.1 分类及其区别

目前国际上对于"海洋保护区"普遍接受的定义,是由国际

---

① 中华人民共和国国家质量监督检验检疫总局,中国国家标准化管理委员会.《海洋功能区划技术导则》(GB/T 17108－2006)[S]:18.
② 同上。

自然保护联盟（International Union for Conservation of Nature，IUCN）在 1988 年国际自然保护联盟大会（IUCN General Assembly）的第 17.38 号决议中提出并由其 1994 年发表的第 19.46 号决议再次确认的，即"任何通过法律或者其他有效方式设立的，对其中部分或全部的封闭环境进行保护的潮间带或潮下带陆架区域，包括其上所覆之水体及相关的动植物群落、历史及文化属性"[①]。这个定义包含了以下五层含义。[②]

（1）一个海洋保护区从范围上来说不仅包括海域，还可能覆盖海岸带的陆域及海岛，而海洋保护区之所以被称为"海洋"保护区，就是因为在其所划定的区域内海域面积总和超过了陆域面积总和，或者是在一片大范围的保护区域内的海域在面积上达到了足够被定位为"海洋"保护区的程度。

（2）对于海洋保护区，总有一定形式的保护措施，通常是经由立法进行保护，但也不尽然，例如，太平洋中的许多海洋保护区都是基于传统习惯设立的。

（3）在同一海洋保护区中，不必必然地在全区域中实行同一程度的保护，实际上，大部分较大的海洋保护区都会按照不同的影响及用途进一步细分为若干子区域。

---

① Graeme Kelleher. Guidelines for marine protected areas [EB/OL]. 1999. [2011 - 05 - 16]. http://www. vliz. be/imisdocs/publications/64732. pdf：xviii. 该段话的英文原文为：Any area of intertidal or subtidal terrain, together with its overlying water and associated flora, fauna, historical and cultural features, which has been reserved by law or other effective means to protect part or all of the enclosed environment.

② Graeme Kelleher. Guidelines for marine protected areas [EB/OL]. 1999. [2011 - 05 - 16]. http://www. vliz. be/imisdocs/publications/64732. pdf：xviii.

（4）海洋保护区（及其管理规定）应该不仅包括其划定范围内的海床，还应至少覆盖其上部分水体及相关的动植物群落。

（5）海洋保护区不仅只关注自然属性方面的保护，还应对其划定范围内的文化属性，譬如沉船、有历史价值的灯塔和码头，进行保护。

我国对于"海洋保护区"的定义始见于 1997 版的《海洋功能区划技术导则》（GB 17108‑1997）："海洋保护区，指以保护海洋环境及其资源为目的，在海域、岛域、海岸带、海湾和河口划出界线加以专门保护的区域"①，并在其海洋功能分区体系中将海洋保护区分为"海洋自然保护区"和"海洋特别保护区"两大类。② 在 2002 年由国家海洋局发布的《全国海洋功能区划》中，对"海洋保护区"作出了新的定义："海洋保护区，是指为保护珍稀、濒危海洋生物物种、经济生物物种及其栖息地以及有重大科学、文化和景观价值的海洋自然景观、自然生态系统和历史遗迹需要划定的海域，包括海洋和海岸自然生态系统自然保护区、海洋生物物种自然保护区、海洋自然遗迹和非生物资源自然保护区、海洋特别保护区。"③可以看出，2002 年的定义较 1997 年的定义更为细致，也更接近 IUCN 的定义。然而，作为替代 1997版《海洋功能区划技术导则》的 2006 版《海洋功能区划技术导则》（GB/T 17108‑2006）并未给出"海洋保护区"的定义，只是再次重申了"海洋保护区"包括"海洋自然保护区"和"海洋特别

---

① 国家技术监督局.海洋功能区划（GB 17108‑1997）[S]:附录 B.
② 同上:附录 A.
③ 国家海洋局.全国海洋功能区划[EB/OL].[2011‑05‑16].http://vip.chinalawinfo.com/newlaw2002/slc/slc.asp? db＝chl&gid＝67682.

保护区",并分别对"海洋自然保护区"和"海洋特别保护区"给出了定义。①

　　就法理而言,2002 年的《全国海洋功能区划》应是依据 1997版的《海洋功能区划技术导则》进行编制的,所以 2002 年的定义是具有"派生性"的,仅对其自身适用,1997 年的定义才具有"本源"的法定性和全国范围内的普适性。在 2006 版的《海洋功能区划技术导则》颁布后,1997 版的《海洋功能区划技术导则》则随即失效,即其对于"海洋保护区"的定义也随之失效。在 2006版的《海洋功能区划技术导则》及其他相关规范性文件均未对"海洋保护区"作出定义的情况下,可以说,我国目前对于"海洋保护区"尚无法定的适用全国的定义。本书认为 2006 版《海洋功能区划技术导则》对于"海洋保护区"不加以定义,是有其原因的:我国长期将"海洋保护区"等同于"海洋自然保护区",在一段较长时间内,只要是设立"海洋保护区",就都是设立"海洋自然保护区",这种情况即便在 1997 版《海洋功能区划技术导则》颁布后多年内仍是如此,②致使设立海洋保护区的工作有失偏颇。在这种情况下,2006 版的《海洋功能区划技术导则》就刻意不提及作为上位阶概念的"海洋保护区"定义,而只是分别对"海洋自

---

　　①　中华人民共和国国家质量监督检验检疫总局,中国国家标准化管理委员会.《海洋功能区划技术导则》(GB/T 17108 - 2006)[S]:15 - 16.

　　②　我国设立"海洋自然保护区"最早始于 1963 年(刘兰.我国海洋特别保护区的理论与实践研究[D].青岛:中国海洋大学博士学位论文,2006:13;崔凤,刘变叶.我国海洋自然保护区存在的主要问题及深层原因[J].中国海洋大学学报(社会科学版),2006,(2):12 - 16.),而设立"海洋特别保护区"则始于 2002 年(Wanfei Qiu, Bin Wang, Peter J. S. Jones, Jan C. Axmacher. Challenges in developing China's marine protected area system [J]. Marine Policy, 2009,(33):599 - 605.).

然保护区"和"海洋特别保护区"作出定义,不仅不会影响海洋保护区的设立及管理工作,反而能更好地区分"海洋自然保护区"和"海洋特别保护区",使得设立海洋保护区的工作能更加准确,也为日后能更加顺畅地进行管理奠定基础。

根据我国现行2006版《海洋功能区划技术导则》的定义,"海洋自然保护区"是指为保护珍稀、濒危海洋生物物种、经济生物物种及其栖息地以及有重大科学、文化和景观价值的海洋自然景观、自然生态系统和历史遗迹需要划定的海域。[①] 海洋自然保护区主要包括海洋和海岸自然生态系统自然保护区、海洋生物物种自然保护区、海洋自然遗迹和非生物资源自然保护区三大类别。[②] 可以看出,该定义基本上与2002年《全国海洋功能区划》中所作出本处于上位阶概念的"海洋保护区"的定义几乎没有差别,唯一不同的就是少了"海洋特别保护区"这一类,这当然是因为"海洋特别保护区"和"海洋自然保护区"是两个同位阶的概念所致。此外,我国现行的《海洋自然保护区类型与级别划分原则》(GB/T 17504‐1998)也对"海洋自然保护区"进行了定义:海洋自然保护区,是指以海洋自然环境和资源保护为目的,依法把包括保护对象在内的一定面积的海岸、河口、岛屿、湿地或海域划分出来,进行特殊保护和管理的区域。[③] 海洋保护区的划区条件在《海洋自然保护区管理办法》的第6条中也作出了明确规定,即"凡具备下列条件之一的,应当建立海洋自

---

① 中华人民共和国国家质量监督检验检疫总局,中国国家标准化管理委员会.《海洋功能区划技术导则》(GB/T 17108‐2006)[S]:15‐16.

② 同上:16.

③ 国家质量技术监督局. 海洋自然保护区类型与级别划分原则(GB/T 17504‐1998)[S]:1.

然保护区：①典型海洋生态系统所在区域；②高度丰富的海洋生物多样性区域或珍稀、濒危海洋生物物种集中分布区域；③具有重大科学文化价值的海洋自然遗迹所在区域；④具有特殊保护价值的海域、海岸、岛屿、湿地；⑤其他需要加以保护的区域"[①]。

同样是根据我国现行 2006 版《海洋功能区划技术导则》的定义，"海洋特别保护区"是指具有特殊地理条件、生态系统、生物与非生物资源及海洋开发利用特殊需要的区域，其划区条件为：①海洋生态环境独特，生态系统敏感脆弱或生态功能复杂；②海洋资源和生态环境需要养护、恢复、修复或整治；③海洋资源复杂多样，开发活动相对集中，且对生态环境产生重要影响；④具有潜在的开发优势，可实行可持续开发模式或对未来海洋产业的发展提供一定的基础；⑤涉及维护国家海洋权益或其他特定目标的海域。[②]

从以上"海洋自然保护区"和"海洋特别保护区"的法律定义及法定的划区条件看，虽然两者都要求对区内进行环境保护，但实际上它们对于区内保护的力度是有明显区别的。

本书认为，要准确地认识"海洋自然保护区"的法定保护措施，就必须从国内法和国际法两个方面进行分析，才能得出一个全面的答案。

首先，从国内法看，"海洋自然保护区"的本质属性是"自然保护区"，而在我国关于"自然保护区"的专项规范性文件中，具

---

① 国家海洋局.海洋自然保护区管理办法［EB/OL］.［2011-05-16］.http://baike.baidu.com/view/437471.htm.

② 中华人民共和国国家质量监督检验检疫总局，中国国家标准化管理委员会.《海洋功能区划技术导则》(GB/T 17108-2006)［S］:16.

有最高法律效力就是位阶上处于行政法规的《自然保护区条例》,而本书认为《自然保护区条例》对于"自然保护区"所规定的最核心的管理措施就是自然保护区应划分为核心区、缓冲区和实验区。《自然保护区条例》第18条明确规定:①自然保护区可以分为核心区、缓冲区和实验区;②自然保护区内保存完好的天然状态的生态系统以及珍稀、濒危动植物的集中分布地,应当划为核心区,禁止任何单位和个人进入,除依照本条例第27条的规定经批准外,①也不允许进入从事科学研究活动;③核心区外围可以划定一定面积的缓冲区,只准进入从事科学研究观测活动;④缓冲区外围划为实验区,可以进入从事科学试验、教学实习、参观考察、旅游以及驯化、繁殖珍稀、濒危野生动植物等活动;⑤原批准建立自然保护区的人民政府认为必要时,可以在自然保护区的外围划定一定面积的外围保护地带。② 从该法条的规定可以看出,自然保护区采取的是一种"隔离式"的保护,不仅不允许进行开发活动(在实验区开展适度的参观考察及旅游活动除外),而且一般情况下禁止任何人进入,尤其对于自然保护区的核心区更是如此,所以属于"自然保护区"性质的"海洋自然保护区"从法理上也当然应该采取这种"隔离式"的保护方式。

---

① 《自然保护区条例》第27条内容如下:禁止任何人进入自然保护区的核心区。因科学研究的需要,必须进入核心区从事科学研究观测、调查活动的,应当事先向自然保护区管理机构提交申请和活动计划,并经省级以上人民政府有关自然保护区行政主管部门批准;其中,进入国家级自然保护区核心区的,必须经国务院有关自然保护区行政主管部门批准。自然保护区核心区内原有居民确有必要迁出的,由自然保护区所在地的地方人民政府予以妥善安置。

② 中华人民共和国国务院. 中华人民共和国自然保护区条例[EB/OL]. [2011 - 05 - 16]. http://www. gov. cn/ziliao/flfg/2005-09/27/content_70636. htm.

也就是说,对于"海洋自然保护区"所采取的不仅仅是一般的"保护",而是一种不让区内受到任何伤害的"保存"。实际上,各国对于严格意义上的"海洋自然保护区"普遍采取的也都是这种"隔离式"的"保存"管理措施,这从其通行的英文提法"Marine Nature Reserve"便可知晓。"Reserve"一词,在《朗文当代英语词典》(Longman Dictionary of Contemporary English)里有"保存某物以留待某一特定的人或某一特定的目的来使用"①之意,而在《牛津高阶学习词典》(Oxford Advanced Learner's Dictionary)的解释中亦含此意,②也就是说,但凡被"reserve"之物,它的归属或者用途就是具有单一性和排他性的,故之于"Marine Nature Reserve",其区域的归属就体现为单一的"保存"之用,其"单一"的程度甚至业已排除了在该区域内船舶的航行权利。

其次,从国际法看,由于我国是 UNCLOS 的缔约国,所以我国必须遵守 UNCLOS 的相关规定。对"海洋自然保护区"所采取的一般严格意义上的环境保护管理措施,比如不允许进行开发活动(在实验区开展适度的参观考察及旅游活动除外),并无与 UNCLOS 有相冲突之处。然而,国内法对于其所采取"隔离式"的"保存"管理措施,即排除在该区域内(尤其是核心区)船舶的航行权利,则与 UNCLOS 有冲突之处,本书将从内水、领

---

① 英文原文是:"to keep something so that it can be used by a particular person or for a particular purpose." http://www. ldoceonline. com/dictionary/reserve_1,最后查阅于 2011 - 5 - 16.

② 英文原文是:"to keep something for somebody/something, so that it cannot be used by any other person or for any other reason." http://www. oxfordadvancedlearnersdictionary. com/dictionary/reserve,最后查阅于 2011 - 5 - 16.

海、毗连区以及专属经济区来分别论述 UNCLOS 对"隔离式"的"保存"管理措施的限制。

（1）内水——有权实施"隔离式"的"保存"管理措施,但若"海洋自然保护区"所处的海域原来不是内水,是后来经采用直线基线而被确认为内水的,则按照 UNCLOS 第 8 条第 2 款①的规定,所有国家,不论沿海国或内陆国,其船舶均享有对在该类内水中"海洋自然保护区"的"无害通过权"②,除非该"海洋自然

---

① UNCLOS 第 8 条第 2 款:如果按照第 7 条所规定的方法确定直线基线的效果使原来并未认为是内水的区域被包围在内成为内水,则在此种水域内应有本公约所规定的无害通过权。参见傅崐成.海洋法相关公约及中英文索引[M].厦门:厦门大学出版社,2005:4.

② 根据 UNCLOS 第 18 条第 1 款的规定,"通过"是指为了下列目的,通过领海的航行:(a)穿过领海但不进入内水或停靠内水以外的泊船处或港口设施;(b)驶往或驶出内水或停靠这种泊船处或港口设施。UNCLOS 第 18 条第 2 款规定,"通过"应继续不停和迅速进行,"通过"包括停船和下锚在内,但以通常航行所附带发生的或由于不可抗力或遇难所必要的或为救助遇险或遭难的人员、船舶或飞机的目的为限。关于"无害通过"则规定在 UNCLOS 的第 19 条。第 19 条第 1 款规定,"通过"只要不损害沿海国的和平、良好秩序或安全,就是无害的。由于第 19 条第 1 款的规定比较抽象和原则,所以第 19 条第 2 款对于"有害通过"进行了举例规定,即如果外国船舶在领海内进行下列任何一种活动,其通过即应视为损害沿海国的和平、良好秩序或安全:(a)对沿海国的主权、领土完整或政治独立进行任何武力威胁或使用武力,或以任何其他违反《联合国宪章》所体现的国际法原则的方式进行武力威胁或使用武力;(b)以任何种类的武器进行任何操练或演习;(c)任何目的在于搜集情报使沿海国的防务或安全受损害的行为;(d)任何目的在于影响沿海国防务或安全的宣传行为;(e)在船上起落或接载任何飞机;(f)在船上发射、降落或接载任何军事装置;(g)违反沿海国海关、财政、移民或卫生的法律和规章,上下任何商品、货币或人员;(h)违反本公约规定的任何故意和严重的污染行为;(i)任何捕鱼活动;(j)进行研究或测量活动;(k)任何目的在于干扰沿海国任何通信系统或任何其他设施或设备的行为;(l)与通过没有直接关系的任何其他活动。参见傅崐成.海洋法相关公约及中英文索引[M].厦门:厦门大学出版社,2005:6-7.

保护区"的航行条件欠佳。我国出于航行安全的考虑,则有权指定或规定其他海道和分道通航制来管制这些船舶的通过,尤其是油轮、核动力船舶和载运核物质或材料或其他本质上危险或有毒物质或材料的船舶在此种情况下,只能在上述海道内通过。①

(2) 领海——无权实施"隔离式"的"保存"管理措施,其根据是 UNCLOS 第 211 条第 4 款的明确规定,即"沿海国在其领海内行使主权,可制定法律和规章,以防止、减少和控制外国船只,包括行使无害通过权的船只对海洋的污染,按照第 2 部分第 3 节②的规定,这种法律和规章不应阻碍外国船只的无害通过"。当然,如前所述,若该"海洋自然保护区"的航行条件欠佳,我国出于航行安全的考虑,则有权指定或规定其他海道和分道通航制来管制这些船舶的通过,尤其是油轮、核动力船舶和载运核物质或材料或其他本质上危险或有毒物质或材料的船舶在此种情况下,只能在上述海道内通过。③

(3) 毗连区——无权实施"隔离式"的"保存"管理措施,由于毗连区是为了沿海国执行有关海关、财政、移民或卫生方面的

---

①　由于在该类内水中,关于船舶的航行权实际上是参照了领海中的法律规定,所以领海中关于"海道和分道通航制"的规定也应一并适用,即 UNCLOS 第 22 条第 1 款和第 2 款:"沿海国考虑到航行安全认为必要时,可要求行使无害通过其领海权利的外国船舶使用其为管制船舶通过而指定或规定的海道和分道通航制;特别是沿海国可要求油轮、核动力船舶或载运核物质或材料或其他本质上危险或有毒物质或材料的船舶只在上述海道通过。"参见傅崐成. 海洋法相关公约及中英文索引[M]. 厦门:厦门大学出版社,2005:8.

②　第二部分第三节即为"领海的无害通过"。

③　与前述一样,沿海国在领海内的该项权利来源于 UNCLOS 第 22 条"领海内的海道和分道通航制"。

法律和规章的,①所以毗连区对于在其范围内设置"海洋自然保护区"并无特殊规定,而是参照专属经济区的规定执行,具体法理分析参见下述对于在专属经济区内设置的"海洋自然保护区"是否能采取"隔离式"管理措施的探讨。

(4)专属经济区——无权实施"隔离式"的"保存"管理措施,因为根据 UNCLOS 第 58 条第 1 款的规定,"在专属经济区内,所有国家,不论为沿海或内陆国,在本公约有关规定的限制②下,享有第 87 条③所指的航行和飞越的自由,铺设海底电缆和管道的自由,以及与这些自由有关的海洋其他国际合法用途,诸如同船舶和飞机的操作及海底电缆和管道的使用有关的并符合本公约其他规定的那些用途"。④ 实际上,从领海无权实施"隔离式"的"保存"管理措施亦可推出,专属经济区内将更无权实施这种"隔离式"措施,而两者不同之处在于,沿海国领海内可以在航行条件欠佳的情况下指定或规定其他海道和分道通航制,而在专属经济区内并无此项权利。

---

① UNCLOS 第 33 条规定,沿海国可在毗连其领海称为毗连区的区域内,行使为下列事项所必要的管制:(a)防止在其领土或领海内违犯其海关、财政、移民或卫生的法律和规章;(b)惩治在其领土或领海内违犯上述法律和规章的行为。参见傅崐成.海洋法相关公约及中英文索引[M].厦门:厦门大学出版社,2005:11.

② 对于"航行"而言,该"限制"应主要是指沿海国根据 UNCLOS 第 56 条第 1(b)(1)款所拥有的建造和使用人工岛屿、设施和结构的权利,从而排除了船舶在该人工岛屿、设施和结构所占据海域的航行权利。然而,对于沿海国的该项权利,UNCLOS 第 60 条第 7 款也作出了限制规定:"人工岛屿、设施和结构及其周围的安全地带,不得设在对使用国际航行必经的公认海道可能有干扰的地方。"参见傅崐成.海洋法相关公约及中英文索引[M].厦门:厦门大学出版社,2005:20,22.

③ UNCLOS 第 87 条系"公海自由"条款,即专属经济区在航行和飞越,铺设海底电缆和管道这些事项上参照公海的规定。

④ 傅崐成.海洋法相关公约及中英文索引[M].厦门:厦门大学出版社,2005:21.

　　综上,由于我国是 UNCLOS 的缔约国,所以从法理上来讲,我国的法律法规等规范性文件不应与 UNCLOS 的相关规定相冲突,本书通过上述对国内法和国际法的归纳总结,从法理上得出以下结论:我国只有设置在以下三类海域内的"海洋自然保护区"才应实行"隔离式"的"保存"管理措施,其他情形下只能禁止进行开发活动(在实验区开展适度的参观考察及旅游活动除外)并实行一般严格意义上的海洋环境保护措施——①"不是后来经采用直线基才被确认为内水的内水"里,②"后来经采用直线基线而被确认为内水且航行条件欠佳的内水"里,③"航行条件欠佳的领海"里。

　　"海洋特别保护区"的情况与"海洋自然保护区"的情况则有着明显不同。国家海洋局在 2010 年 8 月 31 日以"通知"的形式颁布了《海洋特别保护区管理办法》①,虽然该《办法》在法律位阶上处于最底端的"行政规范"层级,②但它是我国目前关于"海洋特别保护区"且适用全国范围的最系统的专项规范性文件,与之相配套的行业标准为国家海洋局于 2010 年 2 月 10 日发布的《海洋特别保护区功能分区和总体规划编制技术导则》(HY/T 118 - 2010)。该《办法》借鉴了《自然保护区条例》关于自然保护区应划分为核心区、缓冲区和实验区的做法,在其 31 条规定:"海洋特别保护区实行功能分区管理,可以根据生态环境及资源的特点和管理需要,适当划分出重点保护区、适度利用区、生态

---

　　①　国家海洋局. 关于印发《海洋特别保护区管理办法》、《国家级海洋特别保护区评审委员会工作规则》和《国家级海洋公园评审标准》的通知[EB/OL].［2011 - 05 - 16］. http://www. soa. gov. cn/soa/governmentaffairs/guojiahaiyangjuwenjian/hyhjbh/webinfo/2010/11/1289376295103759. htm.

　　②　关于规范性文件的法律层级确定问题,在本书第 3.2.2.1 节中已有详细探讨,在此不再赘述。

与资源恢复区和预留区。"紧接着,在该《办法》的第32条明确规定:①海洋特别保护区生态保护、恢复及资源利用活动应当符合其功能区管理要求;②在重点保护区内,实行严格的保护制度,禁止实施各种与保护无关的工程建设活动;③在适度利用区内,在确保海洋生态系统安全的前提下,允许适度利用海洋资源,鼓励实施与保护区保护目标相一致的生态型资源利用活动,发展生态旅游、生态养殖等海洋生态产业;④在生态与资源恢复区内,根据科学研究结果,可以采取适当的人工生态整治与修复措施,恢复海洋生态、资源与关键生境;⑤在预留区内,严格控制人为干扰,禁止实施改变区内自然生态条件的生产活动和任何形式的工程建设活动。从该条可以看出:①在海洋特别保护区内可以进行开发利用活动,只是要以不破坏海洋生态环境为前提。②即便是在重点保护区内,实行严格保护制度的情况下,若某工程建设活动是与该区域的保护工作相关的,哪怕其过程对海洋环境会有所影响(注:不是破坏性的影响),也是不被禁止。以此推断,其言外之意就是,在海洋特别保护区的非重点保护区内,可以经相关主管部门批准后进行一些与保护工作无关但是不破坏海洋环境的工程建设活动,哪怕这种工程建设活动对海洋环境会产生一些影响(注:同样不是破坏性的影响)。此外,该《办法》的第36条还规定了在海洋特别保护区内禁止进行的活动:①狩猎、采拾鸟卵;②砍伐红树林、采挖珊瑚和破坏珊瑚礁;③炸鱼、毒鱼、电鱼;④直接向海域排放污染物;⑤擅自采集、加工、销售野生动植物及矿物质制品;⑥移动、污损和破坏海洋特别保护区设施。从该条也可看出,"海洋特别保护区"也并无禁止通行的规定。

综上所述,"海洋特别保护区"所采取的均为常规的环境保护措施,而非"海洋自然保护区"所采用的"隔离式"的"保存"管理措施,此外,"海洋特别保护区"还允许在区内进行适度的开发利用活动。

实际上,按照《海洋功能区划技术导则》(GB/T 17108 - 2006)、《海洋自然保护区类型与级别划分原则》(GB/T 17504 - 1998)和《海洋特别保护区管理办法》,我国的"海洋自然保护区"和"海洋特别保护区"各自还细分成若干亚类,本书将其分类及其说明汇总整理于表 4 - 2。

表 4 - 2　海洋自然保护区及海洋特别保护区类型及其说明表

海洋保护区类别	亚　类	说　明	管理措施特点
海洋自然保护区	海洋和海岸自然生态系统自然保护区	包括十个种类:河口生态系统自然保护区、潮间带生态系统自然保护区、盐沼(咸水、半咸水)生态系统自然保护区、红树林生态系统自然保护区、海湾生态系统自然保护区、海草床生态系统自然保护区、珊瑚礁生态系统自然保护区、上升流生态系统自然保护区、大陆架生态系统自然保护区、岛屿生态系统自然保护区	(1) 应在特定海域① 实行"隔离式"的"保存"管理措施; (2) 在其他海域②禁止进行开发活动(在实验区开展适度的参观考察及旅游活动除外)并实行一般严格意义上的海洋环境保护措施
	海洋生物物种自然保护区	包括两个种类:海洋珍稀、濒危生物物种自然保护区、海洋经济生物物种自然保护区	
	海洋自然遗迹和非生物资源自然保护区	包括四个种类:海洋地质遗迹自然保护区、海洋古生物遗迹自然保护区、海洋自然景观自然保护区、海洋非生物资源自然保护区	

①　如前所述,此处的"特定海域"指:①不是后来经采用直线基线才被确认为内水的内水,②后来经采用直线基线而被确认为内水且航行条件欠佳的内水,③航行条件欠佳的领海。

②　此处的"其他海域"是指除了上述"特定海域"外的我国管辖的海域。

续　表

海洋保护区类别	亚类	说　明	管理措施特点
海洋特别保护区	海洋特殊地理条件保护区	在具有重要海洋权益价值、特殊海洋水文动力条件的海域建立该区	"非隔离式"的一般意义上的严格环境保护，允许适度的开发利用活动
	海洋生态保护区	为保护海洋生物多样性和生态系统服务功能，在珍稀濒危物种自然分布区、典型生态系统集中分布区及其他生态敏感脆弱区或生态修复区建立该区	
	海洋公园	为保护海洋生态与历史文化价值，发挥其生态旅游功能，在特殊海洋生态景观、历史文化遗迹、独特地质地貌景观及其周边海域建立该区	
	海洋资源保护区	为促进海洋资源可持续利用，在重要海洋生物资源、矿产资源、油气资源及海洋能等资源开发预留区域、海洋生态产业区及各类海洋资源开发协调区建立该区	

资料来源：由《海洋功能区划技术导则》（GB/T 17108 - 2006）、《海洋自然保护区类型与级别划分原则》（GB/T 17504 - 1998）和《海洋特别保护区管理办法》整理而成。

　　这里需要强调的是，要厘清海洋自然保护区和海洋特别保护区各自亚类之间的区别，除了从它们的法定划区条件入手，更重要的是要将它们置于各自所属的"阵营"里来考虑，这样才能清晰地明确其区别。例如，"海洋自然保护区"中有"海洋生物物种自然保护区"的亚类，而"海洋特别保护区"中有"海洋生态保护区"的亚类，从它们各自的法定划区条件无法辨别它们之间的区别，但若从它们各自所属的"阵营"来考虑，就十分清楚了，即：①因为"海洋生物物种自然保护区"在性质上属于"海洋自然保护区",划定保护区后,应根据其所处海域的位置来决定是否实行"隔离式"的"保存"管理,若不能实行"隔离式"的"保存"管理,则应禁止对其进行开发活动(在实验区开展适度的参观考察及旅游活动除外)并实行一般严格意义上的海洋环境保护措施;②"海洋生态保护区"在性质上属于"海洋特别保护区",划定保护区后,只能实施"非隔离式"的一般意义上的严格环境保护管理措施,在保护区中的某些功能分区(例如"适度利用区"①)也可以开展不与保护目标相冲突的生产经营和项目建设活动,而这些在"海洋生物物种自然保护区"中都是被明确禁止的。

4.2.2　建区工作中存在的问题及其对策建议

我国海洋自然保护区的建区最早可以追溯到 1963 年在渤海划定的蛇岛自然保护区,②由于当时还未开始设立海洋特别保护区,所以这也就是我国开始设立海洋保护区的起始点。

然而,我国真正系统地开展海洋保护区的建区工作是源于国家领导人的一封信。时任国务委员的宋健于 1988 年 6 月 28 日给时任国家海洋局局长的严宏谟写了一封信,信中指出:"建议海洋局的同志研究一下中国 18 000 km 海岸线上有否必要建立几个保护区","海洋必须开发,但是,如果一点原始资源都不

---

① 如前所述,《海洋特别保护区管理办法》在其第 31 条规定:"海洋特别保护区实行功能分区管理,可以根据生态环境及资源的特点和管理需要,适当划分出重点保护区、适度利用区、生态与资源恢复区和预留区",而根据该《办法》第 32 条第 3 款的规定,在适度利用区内,在确保海洋生态系统安全的前提下,允许适度利用海洋资源,鼓励实施与保护区保护目标相一致的生态型资源利用活动,发展生态旅游、生态养殖等海洋生态产业。

② 刘兰. 我国海洋特别保护区的理论与实践研究[D]. 青岛:中国海洋大学,2006:13;崔凤,刘变叶. 我国海洋自然保护区存在的主要问题及深层原因[J]. 中国海洋大学学报(社会科学版),2006,(2):12 - 16.

保护,结果可能全部破坏,后代就什么大自然也看不到了。①"

1989 年初,沿海地方海洋管理部门及有关单位,在国家海洋局统一组织下,进行调研、选点和建区论证工作,选划了昌黎黄金海岸、山口红树林生态、大洲岛海洋生态、三亚珊瑚礁及南麂列岛这五处作为海洋自然保护区,1990 年 9 月经国务院批准后,这五处海洋自然保护区成为国家级海洋自然保护区。② 从这之后,我国便开始了系统的海洋保护区的建区工作。根据环境保护部 2010 年 9 月 17 日发布的《中国生物多样性保护战略与行动计划》(2011—2030 年)中的统计数据,我国已建成各类海洋保护区超过 170 处③,合计约占我国海域面积的 1.2%:其中国家级海洋自然保护区 32 处,地方级海洋自然保护区 110 多处;海洋特别保护区 40 余处,其中,国家级 17 处④。

---

① 中国海洋信息网. 自然保护区前言[EB/OL]. [2011 - 05 - 17]. http://www.coi.gov.cn/kepu/baohuqu/.

② 中国海洋信息网. 自然保护区前言[EB/OL]. [2011 - 05 - 17]. http://www.coi.gov.cn/kepu/baohuqu/.

③ 参考资料中此处的原文是"我国已建成各类海洋保护区 170 多处",但笔者将该参考资料后面分解的各类保护区相加后(32 处+110 多处+40 余处),发现总数实际上超过 180 处,所以在尊重原参考资料的基础上,将原文改为本文中的"我国已建成各类海洋保护区超过 170"。

④ 环境保护部. 关于印发《中国生物多样性保护战略与行动计划(2011—2030)的通知》[EB/OL]. [2011 - 05 - 18]. http://www.mep.gov.cn/gkml/hbb/bwj/201009/t20100921_194841.htm;实际上,根据国家海洋局于 2011 年 5 月 19 日发布的资料(冯竹. 国家级海洋自然保护区名录,33 个自然保护区解析[EB/OL]. [2011 - 05 - 18]. http://www.china.com.cn/info/2011-05/19/content_22596331.htm.),我国国家级海洋自然保护区的数量已达 33 处,国家级海洋特别保护区的数量达到 21 处,国家级海洋公园的数量为 7 处。然而,如前文所述,按照国家海洋局颁布的《海洋特别保护区管理办法》,海洋特别保护区包括海洋特殊地理条件保护区、海洋生态保护区、海洋公园、海洋资源保护区四类,也就是说,"海洋特别保护区"应是"海洋公园"的上位阶概念,但是在该份 (转下页)

从 20 世纪 80 年代到现在,我国海洋保护区的数量和面积都增长迅猛。① 但与此同时,在海洋保护区的建区过程中,也出现了一些问题,主要体现在:①无法对海洋保护区的建区进行有效的全国性规划;②对海洋自然保护区的建区力度明显过大;③未在建区过程中实施公众参与。本书将就这三个问题分别进行阐述。

4.2.2.1　无法进行有效的全国性规划

本书根据《自然保护区条例》第 12 条②及《海洋特别保护区管理办法》第 13 条的规定,将各级各类的海洋自然保护区和海洋特别保护区的申请提出部门以及批准部门归纳总结于表 4 - 3。从表 4 - 3 可以看出,对于设立地方级海洋自然保护区、领海内非跨省级行政区域的国家级海洋特别保护区以及地方级海洋特别保护区,有权提出申请的部门均为地方人民政府或地方人民政府的相关主管部门。在这种情况下,这些海洋保护区建区

(接上页)统计资料中,所公布的 21 处国家级海洋特别保护区并未包括 7 处的国家级海洋公园,即,若按照《海洋特别保护区管理办法》关于"海洋特别保护区"的分类,则从该份资料可以看出,我国目前最少是有 28 处(21 处＋7 处)国家级海洋特别保护区,而非该资料公布的 21 处。基于上述分析,笔者无法确定这份资料的准确性,并且由于该份资料并未对我国海洋保护区的全部情况进行总结,故在本文正文中暂不引用,特此说明。

①　Wanfei Qiu, Bin Wang, Peter J. S. Jones, Jan C. Axmacher. Challenges in developing China's marine protected area system [J]. Marine Policy, 2009,(33):599 - 605.

②　对于"海洋自然保护区"的设立,在法律上主要受《自然保护区条例》的第 12 条和《海洋自然保护区管理办法》的第 8、9 条调整,但是这两部规范性文件在此事项上的规定明显相冲突,鉴于《自然保护区条例》在法律层级上属于"行政法规",而《海洋自然保护区管理办法》则属于法律效力最低"行政规范",故两者相冲突时,在法理上,理应适用处于上位阶的《自然保护区条例》的规定。此相冲突之处,将在后文关于"海洋保护区的管理体制"的问题中加以详细探讨。

表4-3　海洋保护区申请提出部门及批准部门归纳总结表

海洋保护区	级别	类　别	申请提出部门	批准部门
海洋自然保护区	国家级	非跨省级行政区域	省级人民政府、国务院的有关自然保护区行政主管部门①	国务院
		跨省级行政区域	所跨省级行政区域的人民政府联合申请、国务院的有关自然保护区行政主管部门	
	地方级	非跨县/市级行政区域	县/市级人民政府、省级人民政府的有关自然保护区行政主管部门	国务院
		跨县/市级行政区域	所跨县/市级行政区域的人民政府联合申请、(所跨县/市级行政区域所属的)省级人民政府的有关自然保护区行政主管部门(联合申请)	
海洋特别保护区	国家级	领海内非跨省级行政区域	省级人民政府的海洋行政主管部门	国家海洋行政主管部门
		领海内跨省级行政区域	国家海洋局派出机构	
		领海外②	国家海洋局派出机构	
	地方级	非跨县/市级行政区域	县级以上人民政府的海洋行政主管部门	同级人民政府
		跨县/市级行政区域	所跨县/市级人民政府的海洋行政主管部门联合申请	共同的上一级人民政府③

　　①　按照《自然保护区条例》第8条第2款和第3款的规定,我国的"自然保护区行政主管部门"主要有:环境保护、林业、农业、地质矿产、水利、海洋等有关的行政主管部门。

　　②　根据《海洋特别保护区管理办法》第11条的规定,涉及维护国家海洋权益的海洋特别保护区应列为国家级的海洋特别保护区,因此我国若在领海外设立海洋特别保护区,应都属于国家级的海洋特别保护区。

　　③　此处"共同的上一级人民政府"在法理上最高应可到"国务院"的级别,因为存在所跨县/市级的行政区域分属于不同的省级行政区域,在这种情况下,它们"共同的上一级人民政府"即为"国务院"。

申请的提出,就在很大程度上取决于地方政府的态度。然而,地方政府通常是将海洋保护区的建区看成是一种行政管理上的成就和一种潜在的旅游收入来源,①这就使得这些保护区的建区在很大程度上可能是基于对当地社会经济效益的考虑,而不是出于对海洋环境保护战略目标的考量,并且只有当地方政府想把地方级海洋保护区升格为国家级海洋保护区的时候才会启动严格的科学评价。②

从表4-3可以清楚看出,国务院的有关自然保护区行政主管部门只有对国家级海洋自然保护区、领海内跨省级行政区域国家级海洋特别保护区及领海外国家级海洋特别保护区有权提出建区申请,而这种现象的存在,可能导致两个结果:

(1)国务院的有关自然保护区行政主管部门对不属于其提出建区申请的海洋保护区怠于调查,因为许多国家级海洋保护区都是从地方级海洋保护区升格而来的,所以摸清各地海洋保护区的基础情况对于中央主管部门而言是十分必要的,否则,申请建区的实际话语权将会全部落在地方政府的手中。

(2)由于摸不清基础情况,所以国务院的有关自然保护区行政主管部门无法全面地对全国海洋保护区的建区工作进行规划,或者即便规划了,是否能得到落实,还得看地方政府是否愿意响应来提出海洋保护区的建区申请。

---

① Wanfei Qiu, Bin Wang, Peter J. S. Jones, Jan C. Axmacher. Challenges in developing China's marine protected area system [J]. Marine Policy,2009,(33):599 - 605.

② Jim C Y, Xu S S W. Recent protected-area designation in China: an evaluation of administrative and statutory procedures [J]. The Geographical Journal,2004,170(1):39 - 50.

解决上述问题的核心在于,应将国务院有关自然保护区行政主管部门及其派出机构都纳入有权提出各级各类海洋保护区建区申请的部门之中,只有这样,才有可能使全国的海洋保护区建区规划编制得更准确,落实得更有基础,也只有这样,才有可能避免某些地方政府出于地方利益的考虑,而罔顾应在当地建立海洋保护区的需要。

4.2.2.2　海洋自然保护区建区力度过大

IUCN 曾根据保护区的建区目标,将保护区分为六大类:①主要为科学研究和野生生境保护而设的保护区——严格的自然保护区(strict nature reserve)/荒野保护区(wilderness area);②主要为生态系统保护和娱乐而设的保护区——国家公园(national park);③主要为保护特定的自然特征而设的保护区——自然遗迹(natural monument);④通过介入式管理来进行保护的保护区——生境(habitat)/物种管理区(species management area);⑤主要为陆地景观/海洋景观的保护与娱乐而设的保护区——陆地景观保护区(protected landscape)/海洋景观保护区(protected seascape);⑥主要为生态系统的可持续使用而设立的保护区——资源管理保护区(managed resource protected area)。① 我国的海洋自然保护区在建区目的上比较接近上述六类中的第一类,其保护管理的标准也是最高级别的。如本书第4.2.1节所述,由于在某些特定海域可以对海洋自然保护区采取"隔离式"的"保存"管理措施进行保护,所以其保护管理的

----

① Graeme Kelleher. Guidelines for marine protected areas[EB/OL]. 1999. [2011 - 05 - 16]. http://www.vliz.be/imisdocs/publications/64732.pdf:xviii.

标准甚至比国际上所谓的"禁采区"①（no-take area）标准还要
严格。

根据统计，全球海洋面积的 0.6% 或者国家管辖下海洋
面积的 1.5%，即 2.2×10⁶ 平方公里被指定为海洋保护区，而
这其中大约只有 13.3%（即国家管辖下海洋面积的 0.2%）是属
于"禁采区"。② 与此形成强烈对比的是，我国的海洋自然保护
区面积占全部海洋保护区面积的 94.4%③，而按照世界保护监
测中心（World Conservation Monitoring Centre，WCMC）
1999 年对我国 608 个保护区的调研，根据国际标准，我国保护
区需要严格保护的仅占总数的 7%，④尽管这两个数据的统计
在范围、种类和时间上都有所差别，但其巨大的差异也确实
从一定程度上反映出了我国海洋自然保护区过度建设的
问题。

我国海洋自然保护区的发展过程主要分为五个阶段：

---

① "禁采区"（no-take area）是指在该海域内，无论是生物资源还是非
生物资源的开采，都是被禁止的。参见 Louisa J. Wood, Lucy Fish, Josh
Laughren, Daniel Pauly. Assessing progress towards global marine
protection target: shortfalls in information and action [R]. Working paper
♯2007 - 03 of Fisheries Centre in the University of British Columbia,
2007. p. 4. （英文原文为："No-take area is portion of the marine area
where extraction of resources-both living and non-living-is prohibited."）

② Louisa J. Wood, Lucy Fish, Josh Laughren, Daniel Pauly.
Assessing progress towards global marine protection target: shortfalls in
information and action [R]. Working paper ♯ 2007 - 03 of Fisheries
Centre in the University of British Columbia, 2007. p. 1.

③ Wanfei Qiu, Bin Wang, Peter J. S. Jones, Jan C. Axmacher.
Challenges in developing China's marine protected area system [J]. Marine
Policy, 2009,(33):599 - 605.

④ 苏杨. 改善中国自然保护区管理的对策[J]. 绿色中国,2004,
(18):25 - 28.

（1）零发展阶段（1954 年以前）——在新中国成立之前和成立后的最初几年，这一时期我国没有建立任何类型的海洋自然保护区；

（2）零星发展阶段（1955—1965 年）——我国仅建立了蛇岛—老铁山自然保护区；①

（3）停滞发展阶段（1966—1979 年）——"文化大革命"使经济发展停滞，也阻碍了海洋自然保护区的建立和管理；

（4）恢复与快速发展阶段（1980—1996 年）——这一时期部分海域综合调查的完成以及海洋保护区管理法律法规的出台促进了海洋自然保护区的发展，平均每年建立海洋自然保护区3.5 个，年均保护面积约 14.08×10^4 hm^2（公顷，1 $hm^2 = 10^4$ m^2），但在后期（1993—1996 年），由于海洋资源保护与经济社会发展相冲突，发展与保护的关系不协调，海洋自然保护区建立的数量受到较大的影响；

（5）高速发展阶段（1997 年至今）——在此期间，我国每年平均建立 7.9 个海洋自然保护区，年均保护面积达 13.89×10^4 hm^2，与前一阶段相比，该时期平均每年保护的面积稳定增长，而年平均建设的保护区数量是前一阶段的两倍多。②

从上可知，我国目前对于海洋自然保护区的建设正处于高速发展的阶段，但本书认为，这种高速发展并不值得提倡，缘由如下。

---

① 原文献在此阶段还提到建有"海南文昌麒麟菜自然保护区"，但经笔者查证，该自然保护区是于 1983 年建立的，并非在此阶段，故在正文中未列出，特此说明。

② 叶有华，彭少麟，侯玉平 等. 我国海洋自然保护区的发展和分布特征分析[J]. 热带海洋学报，2008，27（2）：70-75.

　　我国的海洋自然保护区主要分布在辽宁、河北、天津、山东、江苏、上海、浙江、福建、广东、广西和海南 11 个地区（见图 4-1）。

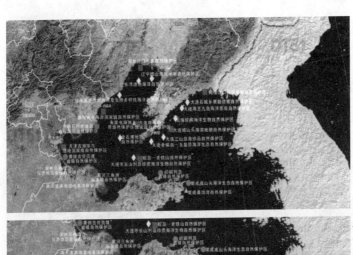

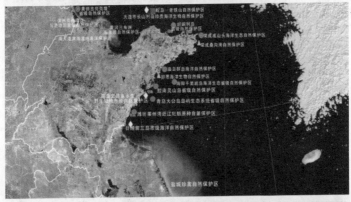

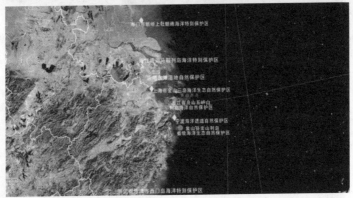

■国家级海洋自然保护区；●省级海洋自然保护区；■市级海洋自然保护区；
▲县级海洋自然保护区

图 4-1　我国海洋自然保护区的分布图

资料来源:叶有华,彭少麟,侯玉平 等.我国海洋自然保护区的发展和分布特征分析[J].热带海洋学报,2008,27(2):70-75.

鉴于文献资料的可得性原因,本文以 2008 年为基准进行总结和分析如下。

（1）从数量看,广东是我国海洋自然保护区最多的一个省,占我国海洋自然保护区总数的 41.0%,江苏和天津最少;

（2）从保护的总面积看,我国海洋自然保护区总面积最大的是辽宁省,其次是山东省和广东省,它们分别占全国海洋自然保护区总面积 29.2%,28.3% 和 14.6%;

（3）辽宁和山东海洋自然保护区的总面积占全国海洋自然保护区面积的一半以上;

（4）海南省海洋自然保护区数量较多,但由于其管辖范围内的各个海洋自然保护区面积较小,因此总保护面积也相对较小(见表 4-4)。[①]

表 4-4　我国海洋自然保护区的行政区域分布

区域	保护区数量			总保护面积/ $\times 10^4 \, hm^2$
	国家级/个	地方级/个	总计/个	
辽宁	5	11	16	122.73
河北	1	3	4	3.42
天津	1	0	1	9.9
山东	2	11	13	119.23
江苏	1	1	2	45.67
上海	0	2	2	0.94
浙江	1	5	6	19.4
福建	3	9	12	14.49
广东	4	53	57	61.26

①　叶有华,彭少麟,侯玉平 等. 我国海洋自然保护区的发展和分布特征分析[J]. 热带海洋学报,2008,27(2):70-75.

续 表

区域	保护区数量			总保护面积/ ×10⁴hm²
	国家级/个	地方级/个	总计/个	
广西	3	2	5	12.9
海南	3	18	21	10.66
总计	24	115	139	420.60

资料来源:叶有华,彭少麟,侯玉平 等.我国海洋自然保护区的发展和分布特征分析 [J].热带海洋学报,2008,27(2):70-75.

结合我国 1996 年 5 月 15 日公布的《关于中华人民共和国领海基线的声明》[①],从图 4-1 可以看出,其中有许多自然保护区都在我国所主张的领海基线内,即处于我国内水中。虽然,1996 年的《声明》中公布的基点未包括渤海等一些海域,但是该《声明》同时规定了"中华人民共和国政府将再行宣布中华人民共和国其余领海基线"。也就是说,1996 年公布的只是第一批的基点,并不影响其他未公布基点所处海域的原有法律性质。此外,我国 1958 年 9 月 4 日公布的《中华人民共和国关于领海的声明》[②]中,明确规定了"中国大陆及其沿海岛屿的领海以连接大陆岸上和沿海岸外缘岛屿上各基点之间的各直线为基线,从基线向外延伸 12 海里的水域是中国的领海,在基线以内的水域,包括渤海湾、琼州海峡在内,都是中国的内海,在基线以内的岛屿,包括东引岛、高登岛、马祖列岛、白犬列岛、乌岳岛、大小金

---

① 国务院. 中华人民共和国政府关于中华人民共和国领海基线的声明(1996 年 5 月 15 日)[EB/OL]. [2011 - 05 - 20]. http://www. fmprc. gov. cn/chn/gxh/zlb/tyfg/t556673. htm.

② 国务院. 中华人民共和国关于领海的声明(1958 年 9 月 4 日) [EB/OL]. [2011 - 05 - 20]. http://www. gov. cn/test/2006-02/28/content_213287. htm.

门岛、大担岛、二担岛、东碇岛在内,都是中国的内海",也就是说,渤海湾等海域在法律性质上是属于我国的内水。

　　这里尚需说明一点,我国 1958 年所作的该项《声明》中所指的"渤海湾"应不是地理概念上的"渤海湾"①,而应是指地理概念上的整个"渤海"②(见图 4-2)。因为地理概念上的"渤海

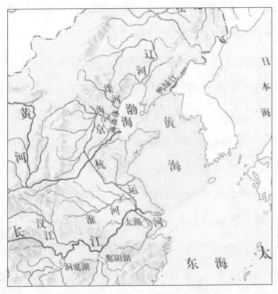

图 4-2　地理概念上的渤海湾、渤海和黄海示意图

底图来源:http://baike.baidu.com/image/509b9fcbb4dc8eee52664f3f,经
笔者添加了"渤海湾"后,即为图 4-2。

---

　　① 地理概念上的"渤海湾"位于渤海西部,北起河北省乐亭县大清河口,南到山东省黄河口。参见百度百科.渤海湾[EB/OL].[2011-05-20].http://baike.baidu.com/view/218812.htm.

　　② 地理概念上的"渤海"三面环陆,在辽宁、河北、山东、天津三省一市之间,具体位置在北纬 37°07′—41°0′、东经 117°35′—121°10′。渤海通过渤海海峡与黄海相通。渤海海峡口宽 59 海里,有 30 多个岛屿,其中较大的有南长山岛、砣矶岛、钦岛和皇城岛等,总称庙岛群岛或庙岛列岛。渤海由北部辽东湾、西部渤海湾、南部莱州湾、中央浅海盆地和渤海海峡五部分组成。参见百度百科.渤海[EB/OL].[2011-05-20].http://baike.baidu.com/view/45137.htm.

湾"根本无需任何的声明,亦不会有其他国家对其是我国内水的地位产生质疑,而主张地理概念上的整个"渤海"为我国内水确实是有必要通过 1958 年的该份《声明》进行强调,主张整个"渤海"为我国的内水的法理依据如下:

(1) 从划线规则看——由于《领海和毗连区公约》是于 1958 年 4 月 29 日在日内瓦订立的,我国 1958 年 9 月 4 日的这份《声明》实际上就是对《领海和毗连区公约》的呼应,而在《领海和毗连区公约》的第 7 条第 4 款明确规定了"如果海湾天然入口处的低潮标之间的距离不超过二十四海里,则可在两低潮标之间划出一条封闭线,该线所包围的水域应视为内水"①,而渤海口②虽然宽达 45 海里,但其中排列着庙岛群岛等一系列岛屿,形成了 8 个天然入口,而其中最大的一处也不过 22.5 海里,即也在 24 海里以内,③所以按照《领海和毗连区公约》的上述划线规则,完全可以将整个渤海划为我国之内水。

(2) 从"历史性海湾"看,"历史性海湾"是指那些海湾沿岸国长期对其行使主权,而其他国家对此表示明示或默示的认同,从而被视为是沿岸国内水的海湾;而若某一海湾是其沿岸国的"历史性海湾",便不会受到上述《领海和毗连区公约》的第 7 条第 4 款中所提及的"二十四海里"的封口线限制。例如,前苏联在其 1957 年 7 月 21 日的一项内阁会议命令(Council of

---

① 领海及毗连区公约(1958 年 4 月 29 日订于日内瓦)[EB/OL].[2011 - 05 - 20]. http://www.un.org/chinese/law/ilc/tsea.htm.
② 参考文献中此处的措辞为"湾口虽然宽达 45 海里",本书为了不导致与地理概念上"渤海湾"的混淆,暂在正文中使用"渤海口"这一提法,特此说明。
③ 史春林. 1958 年《中华人民共和国政府关于领海的声明》研究[J]. 当代中国史研究,2005,12(4):108 - 115.

Minister's Decree)中,宣布大彼得湾(Peter the Great Bay)为其"历史性海湾"①,继而于 1958 年 1 月 7 日,前苏联的一份外交照会中亦明确提到大彼得湾之所以为其内水,是"由于该海域特殊的地理环境及其对国家经济与防御的重要性"②。大彼得湾的湾口宽达 106 海里(见图 4 - 3),③远远超过我国渤海口的

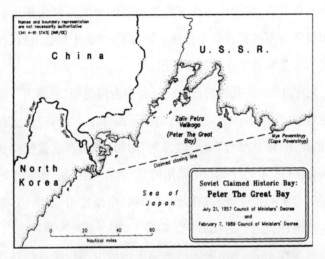

图 4 - 3　苏联所主张的大彼得湾为其"历史性海湾"示意图

资料来源:Office of The Geographer, Bureau of Intelligence and Research. International boundary study-Limits in the Seas (No. 112-March 9, 1992)-United States Responses to Excessive National Maritime Claims [Z]. p. 20.

①　Office of The Geographer, Bureau of Intelligence and Research. International boundary study-Limits in the Seas (No. 112-March 9,1992)-United States Responses to Excessive National Maritime Claims [Z]. p. 19.

②　Clive R. Symmons, Historic Waters in the Law of the Sea [M]. Leiden: Martinus Nijhoff Publishers, 2008. p. 252.

③　Office of The Geographer, Bureau of Intelligence and Research. International boundary study-Limits in the Seas (No. 112-March 9,1992)-United States Responses to Excessive National Maritime Claims [Z]. p. 19.

宽度,至于渤海是属于我国的"历史性"海湾,这也是有历史证据的——1864年,当普鲁士与丹麦在欧洲作战的时候,普鲁士公使李福斯乘军舰在渤海湾捕获了3艘丹麦商船,当时清朝认为这件事发生在"中国专辖之内洋","并非各国公共海面","系显夺中国之权",并引证当时已译成中文的国际法提出抗议,这"非为丹国任其责,实为中国保其权",在以国际法原则为依据的抗议和清廷将不接待普鲁士公使的警告下,普鲁士照会"自任咎在普国",于是释放了3艘丹麦商船。①

对于1958年我国的该份《声明》中为何使用"渤海湾",而不使用"渤海",本书认为,这是因为国际海洋法上没有"历史性内海"的提法,但是却有"历史性海湾"的明确规定,这就使得如果我国在1958年的《声明》中采用的是"渤海"的提法,不利于国际各国的理解和接受,所以在该份《声明》中便使用"渤海湾"来指代实际地理概念上的"渤海"。实际上,整个渤海为我国的内水,这点甚至在1972年由美国国务院所作的中国领海直线基线设想图②(见图4-4)中也能得到支持。

为了解决上述的法律冲突,本书认为:①首先应谨慎申报和审批海洋自然保护区,申报和审批的标准。不能仅局限于过往只关注该海域内的海洋生物物种及其栖息地是否具有珍稀濒危性,或者只关注该海域的海洋自然景观、自然生态系统和历史遗迹是否具有重大的科学、文化和景观价值,更应考虑到该拟申报

---

① 杨泽伟.宏观国际法史[M].武汉:武汉大学出版社,2001:425.

② Daniel J. Dzurek. The People's Republic of China straight baseline claim [J]. IBRU Boundary and Security Bulletin Summer, 1996:77-89. http://www.dur.ac.uk/ibru/publications/download/? id=92 Downloaded on 2011-5-20.

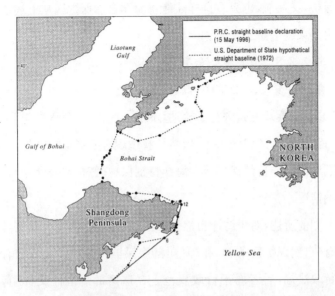

图 4-4　美国国务院 1972 年所作的我国领海直线基线设想图(渤海部分)

资料来源：Daniel J. Dzurek. The People's Republic of China straight baseline claim [J]. IBRU Boundary and Security Bulletin Summer, 1996:77-89.

或拟审批的海洋自然保护区所处海域的法律地位，尤其对于内水中海洋自然保护区的申报和审批，更应审慎。因为内水中的海洋自然保护区从法理上必须要实行的是"隔离式"的"保存"管理措施，而不论该海洋自然保护区是国家级、省级、市级还是县级，如果该海域从现实考虑无法实施这种管理措施，就不应申报或批准在该海域设立海洋自然保护区。②应对现有的各级各类海洋自然保护区进行逐一的再审核，若其对于海洋生物、海洋自然景观、自然生态系统或历史遗迹的要求已无法达标，则应按法定程序对其进行撤销；而若上述指标可以满足，只是该海域从现在情况考虑无法实施"隔离式"的"保存"管理措施，则应将"海洋自然保护区"转变为"海洋特别保护区"，这样才能"名正言顺"地既保护,又通航,也只有这样才能将海洋自然保护区从上述法律冲突的束缚中解脱出来。

4.2.2.3　未实施公众参与

在本书第3.3.2节中,曾对海洋功能区划中要引入"公众参与"的重要性及方式进行了论述,本书在此再以"公众参与"来考察海洋保护区的建区工作,依然从我国现有的规范性文件入手,分别考察海洋自然保护区和海洋特别保护区对于"公众参与"的采纳情况。

如前所述,对于海洋自然保护区,我国现有的规范性文件主要有《自然保护区条例》和《海洋自然保护区管理办法》,前者属于行政法规,后者属于行政规范。在这两部规范性文件中,与"公众参与"相关的条款只有:①《自然保护区条例》第14条第1款——自然保护区的范围和界线由批准建立自然保护区的人民政府确定并标明区界,予以公告;[1]②《海洋自然保护区管理办法》第10条——海洋自然保护区的位置和范围由批准建立该保护区的人民政府划定,其具体位置和范围应标绘于图,公布于众,并设置适当的界碑、标志物及有关保护设施。[2]

对于海洋特别保护区,亦如前所述,我国现有的规范性文件主要为《海洋特别保护区管理办法》,在法律层级上亦是属于最低层级的行政规范。在《海洋特别保护区管理办法》中,与"公众参与"有关的条款为:①第13条第6款——建立海洋特别保护

---

① 中华人民共和国国务院. 中华人民共和国自然保护区条例[EB/OL]. [2011 - 05 - 20]. http://www. gov. cn/ziliao/flfg/2005-09/27/content_70636. htm.

② 国家海洋局. 海洋自然保护区管理办法[EB/OL]. [2011 - 05 - 20]. http://baike. baidu. com/view/437471. htm.

区,应当在报请批准机关批准之前,由提出申请的机关向社会公示,征求公众意见;②第 17 条——海洋特别保护区建立后,其管理机构应当按照批准的海洋特别保护区的范围和界线,在适当位置设立界标和标牌,标牌应公布海洋特别保护区边界坐标,并公布海洋特别保护区管理的规章、制度、措施等相关信息。①

从上述关于海洋自然保护区和海洋特别保护区的规定,结合图 3-3"海洋功能区划程序中公众参与的可能方式",不难看出:①海洋自然保护区在其建区过程中对于"公众参与"的形式,采用的是近乎最低层次的"通报",并且是在海洋自然保护区所有的位置、范围和界线等相关事宜全部确定了之后才进行"通报"的,这种公众参与只是停留在形式上的,并无任何校正决策失误的实质意义;②相比之下,海洋特别保护区在其建区过程中对于公众参与的重视程度要稍强一些,因为除了公布经批准的海洋特别保护区范围和界线之外,在海洋特别保护区建区报批之前,申请部门就会征求公众的意见,其方式应当是处于图 3-2 所示的"咨询"层级,但由于其在建区工作的起始阶段,并未引进公众参与的机制,所以公众所发挥的作用也会受到很大程度的限制。

这里需要强调的是,由于在内水中的海洋自然保护区从法理上应该实施"隔离式"的"保存"管理措施,而我国的各级各类海洋自然保护区又大量地建区于我国内水之中,所以在很大程

---

① 国家海洋局.关于印发《海洋特别保护区管理办法》、《国家级海洋特别保护区评审委员会工作规则》和《国家级海洋公园评审标准》的通知[EB/OL].[2011-05-20]. http://www.soa.gov.cn/soa/governmentaffairs/guojiahaiyangjuwenjian/hyhjbh/webinfo/2010/11/1289376295103759.htm.

度上,海洋自然保护区的设立对于周边公众的影响要远大于设立不用实施禁航措施的海洋特别保护区的影响,这尤其突出地体现在对当地渔民或者其他以海为生群众的影响上。可以猜测,海洋自然保护区的建区极有可能使周边世世代代以海为生的群众,包括渔民在内断了生活来源。然而,我国的相关规定却避重就轻,对影响比较大的海洋自然保护区建区的公众参与工作没有给予实质性的保障,却反而对影响相对而言比较小的海洋特别保护区建区的公众参与工作给予了一定程度的支持。可以说,这些对于群众影响如此巨大的决策,却没有从法律上给予他们参与制定的权利,使他们只能被动地接受,此种做法将极大地削弱海洋自然保护区建区后的日常管理工作成效,严重地影响保护区管理机构与周边群众之间"邻里关系",并且会大幅提高保护区的管理成本。

本书对此问题的对策建议如下:①海洋保护区的建区工作应从其起始阶段就引入公众参与,并区分其中不同阶段,采取不同的公众参与形式,此点在本书第3.3.2节中已有详细论述。②将公众参与引入海洋保护区建区工作的重点之一,就是要解决好因为建区而导致周边涉海群众"失海"进而"失业"的问题,这对于有传统作业的海域尤为重要。对于"失海"的群众,政府相关机构应该对其作出补偿,此补偿不仅仅是经济上的补偿,更重要的是提出补偿的解决方案,帮助这些群众重新就业。① 只有这样,才能使海洋保护区的建区工作真正做到顺应民意,也能使得其后的管理工作运行的更加顺畅,更能真正平稳健康地保

---

① "机会补偿"的问题,将会在本书第4.2.4.2节中进行较为详细的论述。

护海洋环境及其资源。

4.2.3　管理体制的现有问题及其对策建议

在目前的国际实践中,有多种的海洋保护区组织管理形式,它们包括:①

(1) 基于传统习惯设立的(例如,太平洋地区的海洋保护区);

(2) 基于自愿的管理方式(例如,英国的海洋保护区);

(3) 由私营机构发展和管理的(例如,坦桑尼亚的 Chumbe Island 珊瑚公园);

(4) 由当地社区进行管理(例如,菲律宾渔业村);

(5) 由合作管理体系来设立并管理(例如,加拿大的因纽特人社区);

(6) 由政府机构进行管理;

(7) 由国际组织进行划定(例如,生物圈保护区,拉姆萨尔湿地或世界遗产保护区②)。

我国的海洋保护区的组织管理形式应是上述的第六种,即由政府机构进行管理。

有研究者认为我国的海洋保护区都是由国务院环境保护行政主管部门来负责综合管理的,③本书认为此种观点值得商榷。

如前所述,我国的海洋保护区实际上分为两类:一类是海洋

---

① Graeme Kelleher. Guidelines for marine protected areas [EB/OL]. 1999. [2011 - 05 - 16]. http://www. vliz. be/imisdocs/publications/64732. pdf:xix.

② "生物圈保护区,拉姆萨尔湿地或世界遗产保护区"的英文原文为:Biosphere Reserve, Ramsar site or World Heritage site.

③ Wanfei Qiu, Bin Wang, Peter J. S. Jones, Jan C. Axmacher. Challenges in developing China's marine protected area system [J]. Marine Policy, 2009, (33):599 - 605.

自然保护区,另一类是海洋特别保护区,而调整这两类海洋保护区的规范性文件是不同的,所以这两类海洋保护区在管理体制上也是有差别的。

4.2.3.1 海洋自然保护区

我国的海洋自然保护区主要受《自然保护区条例》的调整,所以《自然保护区条例》中对于自然保护区管理体制的规定同样适用于海洋自然保护区:①其第8条规定,"国家对自然保护区实行综合管理与分部门管理相结合的管理体制;国务院环境保护行政主管部门负责全国自然保护区的综合管理;国务院林业、农业、地质矿产、水利、海洋等有关行政主管部门在各自的职责范围内,主管有关的自然保护区;县级以上地方人民政府负责自然保护区管理的部门的设置和职责,由省、自治区、直辖市人民政府根据当地具体情况确定";②其第12条第4款规定,"建立海上自然保护区,须经国务院批准";③其第21条第2款规定,"有关自然保护区行政主管部门应当在自然保护区内设立专门的管理机构,配备专业技术人员,负责自然保护区的具体管理工作"。① 从以上的条款可以看出,处于海洋自然保护区管理链条最顶端的部门,既不是国务院海洋行政主管部门,也不是国务院环境保护行政主管部门,而正是国务院本身。因为"批准"从本质上讲就是一种"管理","批准"既是对"批准前"管理工作的一种肯定,也是开启"批准后"新的管理要求的必经阶段。从这个意义上讲,国务院应处在海洋自然保护区管理体制的最顶端,接

---

① 中华人民共和国国务院. 中华人民共和国自然保护区条例[EB/OL]. [2011 - 05 - 20]. http://www. gov. cn/ziliao/flfg/2005-09/27/content_70636. htm.

下来才是国务院环境保护行政主管部门,随后是与海洋自然保护区有关的国务院海洋、农业(包括渔业)、林业等有关行政主管部门,而后是地方各级(省级、市级、县级)人民政府及其海洋自然保护区行政主管部门(包括地方各级环境保护、海洋、农业、林业等有关行政主管部门),最后是海洋自然保护区的日常专门管理机构(见图4-5)。

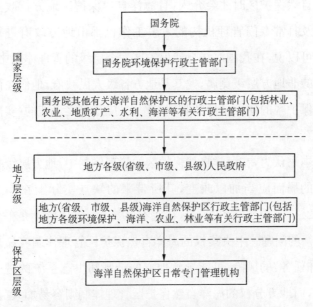

图4-5　我国海洋自然保护区管理体制分级图

从图4-5可以直观地看出,我国海洋自然保护区的管理体制实际上分为国家、地方、保护区三个层级:①国家层级上的各行政主管部门主要负责海洋自然保护区的审批、规划、政策制定等工作,并会对国家级海洋自然保护区的管理,给予适当的资金补助;②地方层级上的各行政主管部门主要负责海洋自然保护区的选址、申请、监督日常管理、执行各项相关的法律法规等工作;③保护区层级上的专门管理机构则主要负责各项具体的海洋自然保护区管理工作。

这里需要提及的是,如前文表4-3所总结的那样,虽然国家层级的相关行政主管部门也有权提出海洋自然保护区的建区申请,但是,海洋自然保护区的建区申请工作在实际中还是绝大部分由地方人民政府来完成的,国家层级的相关行政主管部门一般只会在地方政府欲将地方级海洋自然保护区升格为国家级海洋自然保护区时才会介入,且海洋自然保护区地方行政主管部门及日常专门管理机构的人事工作也都由地方政府进行管理。可以说,在我国海洋自然保护区三个层级的管理体制中,最重要的非地方层级莫属,尤其是地方各级人民政府,他们在海洋自然保护区的建区及后续管理工作中,应是当之无愧的"实际控制人"。

本书认为,在海洋自然保护区的管理体制中,地方层级权力过大的局面应当加以改变,其所带来的缺点实际上在本书第4.2.2.1节中已进行了讨论,在此不再赘述。这实际上是一个权力平衡的问题。中央集权的海洋自然保护区管理体制容易加大"强加任务"的风险,可能导致地方的抵制和生态系统的进一步恶化,而地方分权的海洋自然保护区管理体制则容易加大"地方狭隘主义"的风险,在这种体制下,地方的资源开采和经济发展目标经常都凌驾于自然保护战略目标之上。① 在像我国这样一个发展中国家里,地方政府的责任感和能力还处于相对比较低

---

① Jones P J S, Burgess J. Building partnership capacity for the collaborative management of marine protected areas in the UK: a preliminary analysis [J]. Journal of Environmental Management, 2005, 77 (3): 227 - 243.

的层次。① 在这样的背景下,中央政府及其相关职能部门就更应该在某些方面积极介入,在海洋自然保护区的管理中发挥实质性的作用,如建立拥有足够管理能力并且负责任的地方管理机构,保证各项质量标准的落实,以及确立在决策过程中引入公众参与的法定程序。②

成功的自然资源和保护区管理往往要求中央和地方这两个体系之间的相互支持。③ 有研究者提出,应该建立一个"双层级"结构的海洋保护区立法体系,即由国家级和地方级两个层级的法规来构成:地方级的法规主要是针对每个具体的海洋保护区作出的,着眼于可操作性,对于比较简单和抽象的国家级法规是一种有益的补充。④

目前,中央只针对国家级海洋自然保护区拨少量的资金给地方,地方还是需要自筹大部分资金来管理和维护国家级海洋自然保护区,而对于地方级海洋自然保护区,中央则没有下拨任何资金进行补助,全部由地方承担其管理和维护费用。需要注意的是,内水中海洋自然保护区是要采取"隔离式"的"保存"管理措施的,由此损失的当地发展的机会成本也全部由地方来承担。在这种情况下,我们也就完全可以理解为何在海洋自然保

---

① Bardhan P. Decentralization of governance and development [J]. Journal of Economic Perspectives, 2002,16(4):185 – 205.

② Bardhan P. Decentralization of governance and development [J]. Journal of Economic Perspectives, 2002,16(4):185 – 205; Pomeroy R S, Berkes F. Two to tango: the role of government in fisheries co-management [J]. Marine Policy, 1997,21(5):465 – 480.

③ Lockwood M, Worboys G L, Kothari A. Managing Protected Areas: A Global Guide [M]. London: Earthscan, 2006. pp. 603 – 633.

④ Gubbay S. Marine Protected Areas: Principles and Techniques for Management [M]. London: Chapman & Hall, 1995. pp. 32 – 60.

护区这一事项上,地方政府是"实际控制人",而中央并没有多大的权力,其最深层次的原因就在于地方承担了绝大部分义务,而"义务"不仅只与"权利"伴生,也还与"权力"相随,所以地方在这一事宜上就握有实际的话语权。

关于上述这一深层次原因的分析并不是本书的臆测,这或许也可以从《自然保护区条例》中窥得端倪:①第 23 条——管理自然保护区所需经费,由自然保护区所在地的县级以上地方人民政府安排,国家对国家级自然保护区的管理给予适当的资金补助;②第 21 条——国家级自然保护区,由其所在地的省、自治区、直辖市人民政府有关自然保护区行政主管部门或者国务院有关自然保护区行政主管部门管理,地方级自然保护区,由其所在地的县级以上地方人民政府有关自然保护区行政主管部门管理。① 从这两条规定看,国家仅对其有"出资"的国家级海洋自然保护区拥有可能的管理权,而对其未"出资"的地方级海洋自然保护区并无权限进行管理。所以,按照这个逻辑进行推理,国家有权进行"控制"的国家级海洋自然保护区,可能仅限于其"出资"比例大于地方"出资"比例的国家级海洋自然保护区。

基于上述的分析,本书认为,若要避免地方层级权力过大,使得国家层级的各个相关行政主管部门能真正实质性地介入海洋自然保护区的建区申请和日常管理中,扭转在海洋自然保护区建设和管理中"地方强,中央弱"的局面,修正由地方独力开展海洋自然保护区建设和管理所带来的种种弊端,其最核心的解

---

① 中华人民共和国国务院. 中华人民共和国自然保护区条例[EB/OL]. [2011 - 05 - 22]. http://www. gov. cn/ziliao/flfg/2005-09/27/content_70636. htm.

决方法就在于:中央应当对各级各类海洋自然保护区的各项事宜进行大比例的"出资",尤其是对具有重大价值或重大影响的海洋自然保护区,而不是仅仅局限在对国家级海洋自然保护区"给予适当的资金补助"。此种做法的优点在于:①地方政府对于海洋自然保护区的申报、建设和管理工作会更加重视,避免出现地方政府因为担心海洋自然保护区建区后还需由自身出资进行维护,从而缓报、漏报、瞒报具有特定价值的海洋环境及其资源的现象;②凭借"话语权"的加大,国家关于海洋自然保护区的各项法律法规在执行力上将能够得到很大的提升;③国家相关行政主管部门能够从最基层开始厘清我国海洋自然保护区和海洋自然保护拟建区域的基本情况,能够为制定全国性的相关规划奠定坚实的基础。

此外需要提及的是,如前所述,我国的海洋自然保护区还受到《海洋自然保护区管理办法》的调整,《海洋自然保护区管理办法》的第 8 条和第 9 条对于海洋自然保护区的建区程序作出了规定,这其中实际上也涉及海洋自然保护区的管理体制问题,但这些规定与《自然保护区条例》的第 12 条有所冲突,主要表现如下:

(1) 国家级海洋自然保护区申请提出主体的差别——除了由国务院有关海洋自然保护区行政主管部门提出申请之外,《自然保护区条例》规定还可由自然保护区所在地的省级人民政府提出,①而《海洋自然保护区管理办法》规定的则是还可由省级

---

①　《自然保护区条例》第 12 条第 1 款规定:"国家级自然保护区的建立,由自然保护区所在的省、自治区、直辖市人民政府或者国务院有关自然保护区行政主管部门提出申请,……"

人民政府的海洋管理部门提出,只不过提出申请时需提交由省级人民政府批准的建区申报书及技术论证材料。①

(2)申请国家级海洋自然保护区时向国务院报批的主体不同——《自然保护区条例》规定的是由国务院环境保护行政主管部门进行协调并提出审批建议后,报国务院批准,②而《海洋自然保护区管理办法》规定的则是由国家海洋行政主管部门按规定程序报国务院审批。③

(3)地方级海洋自然保护区申请提出主体的差别——《自然保护区条例》规定的是县级和市级人民政府,以及省级人民政府的有关海洋自然保护区行政主管部门,④而《海洋自然保护区管理办法》规定的则是只有省级人民政府的有关海洋自然保护区行政主管部门才有权提出申请。⑤

(4)地方级海洋自然保护区批准主体的不同——《自然保护区条例》规定的是国务院,⑥而《海洋自然保护区管理办法》规

① 《海洋自然保护区管理办法》第8条第1款规定:"沿海省、自治区、直辖市海洋管理部门申请建立国家级海洋自然保护区时,应向国家海洋行政主管部门提交业经同级人民政府批准的建区申报书及技术论证材料。"

② 《自然保护区条例》第12条第1款规定:"国家级自然保护区的建立,……由国务院环境保护行政主管部门进行协调并提出审批建议,报国务院批准。"

③ 《海洋自然保护区管理办法》第8条第4款规定:"……由国家海洋行政主管部门按规定程序报国务院审批。"

④ 《自然保护区条例》第12条第2款规定:"地方级自然保护区的建立,由自然保护区所在的县、自治县、市、自治州人民政府或者省、自治区、直辖市人民政府有关自然保护区行政主管部门提出申请,……"

⑤ 《海洋自然保护区管理办法》第9条规定:"地方级海洋自然保护区建区建议由沿海省、自治区、直辖市海洋管理部门或同级有关部门会同海洋管理部门提出,……"

⑥ 《自然保护区条例》第12条第4款规定:"建立海上自然保护区,须经国务院批准。"

定的则是省级人民政府。①

从上述四个方面的法律冲突看,可以说,《海洋自然保护区管理办法》并未完全按照其第 1 条②所陈述的那样进行制定,有较为明显的为海洋行政主管部门"抢权"的嫌疑,而这种"抢权"的法律依据仅仅是由国家海洋局颁布的《海洋自然保护区管理办法》。如前所述,这部《海洋自然保护区管理办法》不是部门规章,在法律层级上只是属于效力最低的行政规范。如果海洋行政主管部门拿着这部《海洋自然保护区管理办法》去和其他相关部门"抢权"的话,无疑从法理上是站不住脚的,只会增加海洋自然保护区各相关行政主管部门之间的摩擦,进而导致各项相关工作的延缓,甚至是停滞不前。所以,本书的建议《海洋自然保护区管理办法》的第 8 条和第 9 条应当切实根据《自然保护区条例》的第 12 条作出相应修改,以避免海洋行政主管部门与其他相关行政主管部门之间产生的摩擦,使得海洋自然保护区的各项工作能得以顺利开展。

此外,需特别强调的一点是,在上述四个方面的法律冲突中,第四个方面的法律冲突尤其需要重点解决,即地方级海洋自然保护区批准主体的问题。地方级的海洋自然保护区分为县级、市级和省级,笔者妄自揣测,可能会有其他研究者或者官员认为,地方级海洋自然保护区的设立,尤其是县级的,若全部交由国务院来批准不具备可操作性,所以还是应当由省级人民政

---

① 《海洋自然保护区管理办法》第 9 条规定:"……经沿海省、自治区、直辖市海洋管理部门组织论证审查后,报同级人民政府批准,……"

② 《海洋自然保护区管理办法》第 1 条规定:"为加强海洋自然保护区的建设和管理,根据《中华人民共和国自然保护区条例》的规定,制定本管理办法。"

府来批准比较合适。对于此种可能存在的想法,本书持反对的观点,法理分析如下:

(1)《自然保护区条例》是行政法规,《海洋自然保护区管理办法》是行政规范,即《自然保护区条例》是《海洋自然保护区管理办法》的上位法,《海洋自然保护区管理办法》做出各项规定的法律效力实际上来源于《自然保护区条例》,所以即使《自然保护区条例》中的某项或某些规定不具可操作性,《海洋自然保护区管理办法》也还是不能做出与其相反的规定,更何况《自然保护区条例》将海洋自然保护区的批准权交由国务院,并不是没有可操作性的。

(2)该种想法实际上是以当前地方各级各类海洋自然保护区的数量及其发展速度来考虑的,但依照本书第4.2.2.2节的分析,目前我国的海洋自然保护区存在建设力度明显过大的问题。因为如本书第4.2.1节中所论述的,在内水和领海中设立的海洋自然保护区,不论其是国家级抑或是地方级的,在特定情况下是要实行"隔离式"的"保存"管理措施的,而这种管理措施所带来的禁止船舶通航,将极大地影响沿海地区,甚至全国的发展,这也会再反过来作用于海洋自然保护区的管理工作,只会使得海洋自然保护区成为沿海各地避之唯恐不及的一项事物,这将严重不利于海洋环境及相关资源的保护。《自然保护区条例》应该正是考虑到海洋自然保护区所具有的影响范围和程度,才会将所有海洋自然保护区的批准权交由国务院,此中意图便是希望能真正把关海洋自然保护区的建设工作,而不是各地一哄而上,过度建设。

4.2.3.2 海洋特别保护区

我国的海洋特别保护区主要受《海洋特别保护区管理办法》

的调整,其中涉及海洋特别保护区管理体制的条款有如下几条。①

(1) 第 5 条——①国家海洋局负责全国海洋特别保护区的监督管理,会同沿海省、自治区、直辖市人民政府和国务院有关部门制定国家级海洋特别保护区建设发展规划并监督实施,指导地方级海洋特别保护区的建设发展。②沿海省、自治区、直辖市人民政府海洋行政主管部门根据国家级海洋特别保护区建设发展规划,建立、建设和管理本行政区近岸海域国家级海洋特别保护区;组织制定本行政区地方级海洋特别保护区建设发展规划并监督实施;建立、建设和管理省(自治区、直辖市)级海洋特别保护区。③国家海洋局派出机构根据国家级海洋特别保护区建设发展规划,建立、建设和管理本海区领海以外的或者跨省、自治区、直辖市近岸海域的国家级海洋特别保护区。④沿海市、县级人民政府根据地方级海洋特别保护区建设发展规划,建立、建设和管理本行政区近岸海域地方级海洋特别保护区。

(2) 第 13 条——①沿海省、自治区、直辖市近岸海域内国家级海洋特别保护区的建立由沿海省、自治区、直辖市人民政府海洋行政主管部门提出申请,经沿海同级人民政府同意后,报国家海洋局批准设立。②领海以外海域和跨省、自治区、直辖市近岸海域国家级海洋特别保护区的建立由国家海洋局派出机构提出申请,报国家海洋局批准设立。③国家海洋局依据相关法律

---

① 国家海洋局.关于印发《海洋特别保护区管理办法》、《国家级海洋特别保护区评审委员会工作规则》和《国家级海洋公园评审标准》的通知[EB/OL].[2011 - 05 - 23]. http://www. soa. gov. cn/soa/governmentaffairs/guojiahaiyangjuwenjian/hyhjbh/webinfo/2010/11/1289376295103759. htm.

法规,根据国家级海洋特别保护区评审委员会评审结论,审批国家级海洋特别保护区。④地方级海洋特别保护区的建立由沿海县级以上人民政府海洋行政主管部门提出申请,经地方级海洋特别保护区评审委员会评审后,报沿海同级人民政府批准设立。⑤跨区域地方级海洋特别保护区的建立,由所在地相关地方各人民政府共同的上一级海洋行政主管部门协调,经相关海洋特别保护区评审委员会评审,并由各相关地方人民政府同意后,报共同的上一级人民政府批准设立……

(3) 第18条——已经批准建立的海洋特别保护区所在地的县级以上人民政府应当加强对海洋特别保护区的管理,建立管理机构,必要时可以在海洋特别保护区管理机构内设立中国海监机构,履行海洋执法职责,并接受我国海监上级机构的管理和指导。

《海洋特别保护区管理办法》的以上三个条款已基本清晰地勾勒出了我国海洋特别保护区的管理体制,但还有一点尚需特别说明:第13条第5款对于跨区域地方级海洋特别保护区的建立,规定是由所跨区域的共同的上一级人民政府批准设立,若某地方级海洋特别保护区所跨的是省级行政区域,则所跨区域的共同的上一级人民政府即为国务院。也就是说,哪怕是一个县级的跨区域海洋特别保护区,若其所跨的是省级行政区域,那它的有权批准机构即为国务院。

这就产生了一个值得注意的情况:根据《海洋特别保护区管理办法》第13条第2款,跨省级行政区域的国家级海洋特别保护区的批准权限在国家海洋局手中,而如前所述,根据其第13条第5款,跨省级行政区域的地方级海洋特别保护区的设立却需要国务院来批准。在对出现这种情况的原因进行分析前,本书先介绍一下背景资料。国家海洋局曾在 2005 年 11 月 16 日颁布了《海洋特别保护区管理暂行办法》，而后经过多年的实践检验，国家海洋局对该《暂行办法》的不足进行了完善，才形成了现行的 2010 年版的《海洋特别保护区管理办法》，与此同时，原先的《暂行办法》也随即废止。值得注意的是，在 2005 年版《暂行办法》的第 11 条第 3 款，明确规定了"跨省级行政区的海洋特别保护区选划，由海洋特别保护区所在地省级人民政府海洋行政主管部门协商一致，经各自省级人民政府同意后，报国务院海洋行政主管部门批准"①。从该条款可以看出，2005 年版《暂行办法》将跨省级行政区域的海洋特别保护区的批准权限交由了国家海洋局，而不论此跨省级行政区域的海洋特别保护区是国家级抑或是地方级，但该项规定在现行的 2010 年版的《海洋特别保护区管理办法》中却作出了变更，即本段落开始所描述的那种情况。

本书认为，2010 年版的《海洋特别保护区管理办法》之所以对之前 2005 年的《暂行办法》作出如上变更，应该是因为在 2005 年到 2010 年这段"暂行"时间里的实践表明，该条款的可行性或者可操作性欠佳，故而才会在 2010 年版正式的《管理办法》中予以变更。对于缘何"欠佳"，本文作如下分析：

2005 年版的《暂行办法》第 8 条第 2 款规定了"沿海地方人民政府海洋行政主管部门具体负责本行政区毗邻海域内海洋特别保护区的建设与管理"，并且未规定国家会对包括国家级海洋

---

①　国家海洋局.关于印发《海洋特别保护区管理暂行办法》的通知（国海发〔2005〕24 号）[EB/OL]. [2011-05-23]. http://www.soa.gov.cn/soa/governmentaffairs/guojiahaiyangjuwenjian/hyhjbh/webinfo/2009/09/1270102488648606.htm.

特别保护区在内的任何海洋特别保护区给予资金上的支持,也就是说,建设和管理海洋特别保护区所需的所有资金都由地方来承担,而不论海洋特别保护区是国家级抑或地方级。实际上,这种"不出资"就"不管理"的情况,①再次从一个侧面验证了本书在第4.2.3.1节中对海洋自然保护区管理体制所作的分析。由于国家海洋行政主管部门不给予任何资金支持,同时,国家海洋行政主管部门与沿海地方政府之间又不具有行政上的隶属关系,而仅具有业务上的指导关系,在这种情况下,由国家海洋行政主管部门来批准跨省级行政区域海洋特别保护区的建区申请,其对于海洋特别保护区所跨省级行政区域的约束力就会被弱化许多。此外,如上所述,由于2005年版《暂行办法》存在第8条第2款的规定,在这类跨省级行政区域海洋特别保护区后续的管理和维护中,国家海洋行政主管部门也几乎无任何实质性的话语权,也就是说,这类跨省级行政区域海洋特别保护区在管理和维护中所遇到的"跨省级"问题,实际上,国家海洋行政主管部门是无力来解决的。

本书认为正是上述原因的存在,导致了2010年版的《海洋特别保护区管理办法》作出了相应的完善:①国家海洋局将对国家级海洋特别保护区的建设和管理给予一定的资金补助,②在此"出资"的基础上,国家海洋局顺理成章地拥有了跨省级行政

---

① 2005年版《暂行办法》的第8条第1款规定"国务院海洋行政主管部门负责全国海洋特别保护区的监督管理",但实际上,这种"监督管理"只是形式上的"监督管理",并不具有多少实质意义。

② 《海洋特别保护区管理办法》第8条:"国家海洋局从国家海洋生态保护专项资金中对国家级海洋特别保护区的建设、管理给予一定的补助。"实际上,此条款也已表明,国家海洋局对于地方级的海洋特别保护区不会给予补助。

区域国家级海洋特别保护区的审批权；①②国家海洋局对于地方级海洋特别保护区仍然不予"出资"，在此基础上，为了保证跨行政区域地方级海洋特别保护区申请工作的严肃性及其后续管理工作中的纠纷易解决性，其所跨行政区域的共同的上一级人民政府便拥有了跨行政区域地方级海洋特别保护区的审批权。②

从上述两个完善之处，可以看出，是否"出资"，对于是否"有权管理"而言，确实至关重要。实际上，具有审批权的部门不仅仅代表了该部门拥有审批权，它还代表了在后续管理中若出现纠纷或其他问题时，具有审批权的部门往往就是裁决或解决纠纷的部门，这点从《海洋特别保护区管理办法》的第 16 条"海洋特别保护区的调整、撤销，……由原批准机关批准"亦能得到支持。也就是说，具有海洋特别保护区审批权的部门必须对海洋特别保护区的所在政府具有约束力，才能保证后续的管理工作能真正落到实处。以此观之《海洋特别保护区管理办法》对《海洋特别保护区管理暂行办法》的上述两个变更之处，不难发现，"恰巧"完全符合：①因为国家海洋局有对跨省级行政区域国家级海洋特别保护区进行"出资"，故其便对该类保护区所跨省级行政区域的地方政府具有实质意义上的约束力，在此基础上而拥有审批权也就顺理成章了，因为即使该类保护区在后续管理

---

①　《海洋特别保护区管理办法》第 13 条第 2 款："领海以外海域和跨省、自治区、直辖市近岸海域国家级海洋特别保护区的建立由国家海洋局派出机构提出申请，报国家海洋局批准设立。"

②　《海洋特别保护区管理办法》第 13 条第 5 款："跨区域地方级海洋特别保护区的建立，由所在地相关地方各人民政府共同的上一级海洋行政主管部门协调，经相关海洋特别保护区评审委员会评审，并由各相关地方人民政府同意后，报共同的上一级人民政府批准设立。"

中出现纠纷,国家海洋局也有实质意义上的能力进行调解或裁决;②因为国家海洋局没有对地方级海洋特别保护区进行"出资",而其与地方政府之间只是业务指导关系,并不具有上下级的行政隶属关系,所以在这种情况下,国家海洋局对于跨行政区域的地方级海洋特别保护区所跨行政区域的地方政府几乎不具有任何实质意义上的约束力,若其还将该类保护区的审批权握在手中的话,无疑将会在后续调解或裁决纠纷时毫无底气,地方政府也可能对其所进行的调解或裁决完全不认可,因此,对于该类保护区的审批权最好是交由保护区所跨行政区域共同的上一级人民政府,这样一来,国家海洋局既无需"出资",也有了一个对保护区所跨区域地方政府有实质约束力的人民政府,来对后续管理中可能出现的问题进行调解或裁决。

通过本书上述的分析,笔者着实钦佩国家海洋局在制定《海洋特别保护区管理办法》时所展现的智慧。然而,这其中仍可能存在一个隐忧:跨行政区域地方级海洋特别保护区实际上分为"跨省级行政区域"和"省内跨行政区域"两大类,对于省内跨行政区域地方级海洋特别保护区的管理体制,本书并无异议,但如上所述,对于跨省级行政区域的地方级海洋特别保护区,根据"由所跨区域的共同上一级人民政府来批准设立"这一规定,则只有国务院才有权批准该类保护区的建区申请。本书认为,这一规定在实践中可能不具备可行性,分析如下所述。

(1) 海洋特别保护区不是海洋自然保护区,无需实施"隔离式"的"保存"管理措施,也就是说,设立海洋特别保护区不存在禁止船舶通航的问题,其对于沿海经济社会发展的负面影响会比海洋自然保护区小得多,按照本书第4.2.2.2节的观点,实际上,许多现有的海洋自然保护区应该从法律属性上变更为海洋特别保护区,有些地方,例如福建省,2004 年以后海洋自然保护区的建设就已经基本上处于停滞状态,①2004 年之后建立的海洋保护区绝大部分为海洋特别保护区。② 可以预测,未来我国海洋特别保护区将在海洋保护区的总量中占据绝大部分比例,在这种数量增长的趋势下,如果都将跨省级行政区域地方级海洋特别保护区的审批权交由国务院,并由国务院来负责调解或裁决后续管理中可能发生的纠纷,明显不具有可行性。

(2) 跨省级行政区域国家级海洋特别保护区的管理机构为国家海洋局的派出机构,③由于国家海洋局对其进行"出资",所以其派出机构在该类保护区的协调和管理工作中具有实质约束力。然而,跨省级行政区域地方级海洋特别保护区在建区之后的管理工作就存在着比较大的问题,国务院不可能来直接管理该类保护区,国家海洋局因为未"出资",所以其派出机构也无实际权力来管理,因此该类保护区在诸如管理机构的设置,所跨地

---

① 李荣欣,陈兴群,陈彬,赖晓暄.浅议福建省海洋保护区建设与管理[J].海洋开发与管理,2010,27(9):61-66.
② 福建省 2004 年之后设立的海洋保护区有:①福州平潭岛礁海洋特别保护区(2004 年);②莆田市湄洲岛海洋特别保护区(2006 年);③福鼎市南船屿岛、小嵛山岛,霞浦县笔架山岛、魁山岛,连江县黄湾岛,长乐市人屿岛,平潭县牛山岛,湄洲湾赤屿山岛、小碇屿岛,诏安县城洲岛 10 个海岛特别保护区(2007 年);④闽江河口湿地自然保护区(2008 年);⑤福鼎市星仔岛、鸳鸯岛、日屿岛,霞浦县牛仔岛,福安市樟屿岛,蕉城区灶屿岛,平潭县山洲列岛,秀屿区大麦屿、东沙屿,惠安县南洋屿,漳浦县南碇岛 11 个海岛特别保护区(2008 年)。该资料由福建省海洋与渔业厅提供。
③ 《海洋特别保护区管理办法》第 5 条第 3 款:"国家海洋局派出机构根据国家级海洋特别保护区建设发展规划,建立、建设和管理本海区领海以外的或者跨省、自治区、直辖市近岸海域的国家级海洋特别保护区。"

方政府的"出资"比例构成及人员配备等事宜,均容易出现互相推诿的现象,这反而不利于海洋特别保护区原有保护目标的可达性。

在上述分析的基础上,针对跨省级行政区域地方级海洋特别保护区管理体制中存在的问题,基于实际操作性的考虑,本书提出如下所述的解决建议。

(1)对于某一拟定为海洋特别保护区,并且地理上确为跨省级行政区域的海域,若其只够得上申请地方级海洋特别保护区的标准,那就将该拟建保护区海域按照所跨的行政区划进行"分割",由其所跨地方政府的海洋行政主管部门相互协商后,各自按照地方级海洋特别保护区的申请程序进行申请。其后续资金、人员及配套管理工作除了按照《海洋特别保护区管理办法》第5条第4款①的规定,由所跨地方政府各自自行负责外,还可建立一个由所跨地方政府组成的联席会议,来对管理工程中遇到的问题进行协商和解决。

(2)对于某一拟定为海洋特别保护区,并且地理上跨省级行政区域的海域,若其达到申请国家级海洋特别保护区的条件,则由国家海洋局的派出机构按照跨省级行政区域国家级海洋特别保护区的申请程序进行申请,并按照《海洋特别保护区管理办法》第5条第3款②的规定,由国家海洋局的派出机构进行后续

---

① 《海洋特别保护区管理办法》第5条第4款:"沿海市、县级人民政府根据地方级海洋特别保护区建设发展规划,建立、建设和管理本行政区近岸海域地方级海洋特别保护区。"

② 《海洋特别保护区管理办法》第5条第3款:"国家海洋局派出机构根据国家级海洋特别保护区建设发展规划,建立、建设和管理本海区领海以外的或者跨省、自治区、直辖市近岸海域的国家级海洋特别保护区。"

的管理工作。

以上的解决建议实际上就是取消"跨省级行政区域地方级海洋特别保护区"的设立资格。也就是说,从实际操作层面的可行性考虑,凡是跨省级行政区域的海洋特别保护区的设立,都应符合国家级海洋特别保护区的标准要求。对于地理位置上确实为跨省级行政区域而又达不到国家级标准的海洋特别保护区,那就通过"联席会议"的方式,由所跨地方政府进行"拼接式"的独立管理,此种做法的优点在于避免了设立"跨省级行政区域海洋特别保护区"这一主体后,所跨地方政府权责不明,互相推诿,资金及人员无法到位的情况。

4.2.4　经济效益的问题及其对策建议

4.2.4.1　导致的管理问题

虽然我国通过陆续颁布《自然保护区条例》、《海洋自然保护区管理办法》、《海洋特别保护区管理办法》及相关配套标准的方式来不断努力规范海洋保护区的管理工作,但在实际管理中,仍然存在着一些问题,现概述如下。

(1) 保护与发展的矛盾最为突出——由于海洋保护区是以海洋环境保护为导向而设立的海洋功能区,故其对于沿海地方的发展存在一定程度上的限制作用,这点在海洋自然保护区的设立上尤为突出,因为海洋自然保护区实际上是"预警原则"在海洋功能区划具体应用中的一个产物,它主要是考虑到海洋环境可持续性的限制,针对开发活动科学不确定性所产生的风险①而建立的一种"过度保护"的海洋功能区。此外,在海洋保

---

① Clark C W. Marine reserves and the precautionary management of fisheries [J]. Ecological Applications,1996,6(2):369-370.

护区的建区过程中,有时会伴随着传统涉海民众"失海"和"失业"的现象,使得民众与保护区之间存在冲突。

(2) 海洋保护区的建设管理资金和人员配备严重不足——以海洋自然保护区为例:① 截至 2006 年为止,福建省尚有42.86%的海洋自然保护区没有建立专门的管理机构,有些海洋自然保护区虽有管理机构,但未配备管理人员;①② 截至 2004年为止,广东省仍有 21%的海洋自然保护区未设立管理机构,约33%的海洋自然保护区未配置管理人员,管理人员中科技人员的比例也较低,约占 28%;②③ 1999 年广东省对辖区内海洋自然保护区每平方公里的资金投入为 7 566 元,这只相当于香港同类型保护区所投经费的零头,而且所有的经费只够用于保护区的基础设施建设,没有足够的运行经费;③④ 已经列入《国际重要湿地名录》的广东惠东港口海龟国家级自然保护区,近20 年来其事业费都未列入财政预算安排,保护区日常只能依靠收取 10 元/张的门票来维持,2004 年 1 至 5 月,海龟养殖专项支出已达 14 万元,由于没有海龟养殖经费,保护区工作人员为了不使保护区停水、停电,不仅数月未领到工资,每人还拿出 2万元积蓄借给了保护区。④

(3) 未在海洋保护区的建设和管理中引进"公众参与"机制——海洋保护区作为保护海洋环境及资源的重要手段,毋庸

---

① 陈传明. 福建省海洋自然保护区管理现状与对策[J]. 海洋开发与管理,2006,23(1):93-95.

② 刘水良,徐颂军.广东省海洋自然保护区可持续发展研究[J]. 海洋开发与管理,2004,(6):79-83.

③ 虞依娜,彭少麟,侯玉平 等. 我国海洋自然保护区面临的主要问题及管理策略[J]. 生态环境,2008,17(5):2112-2116.

④ 同上。

置疑,已得到了世界各国的广泛认同。然而,根据 1996 年的数据,全球大约只有 9% 的海洋保护区能达到他们预先设定的管理目标,①虽然有研究者指出在评估海洋保护区管理成效时有 71% 的案例都没有足够的论据来支持,②但大部分海洋保护区在社会和生态效益方面所表现出的不容乐观的确致使批评者开始质疑海洋保护区在发展中国家是否还有前途。③ 实际上,海洋保护区的成功与否关键取决于它的管理,尤其是是否在其决策过程中引入公众参与。④ 如本书第 4.2.2.3 节所述,我国并未对公众实质性参与海洋保护区的建设和管理提供有力的法律保障,其中的深层次原因可能是缘于立法者认为海洋保护区的设立会阻碍保护区所在地方的发展,从而"惧怕"海洋保护区的设立难以得到当地民众的支持,为了顺利推行海洋保护区制度,就将公众参与排除在外或者象征性地进行低层级并且处于决策末端的公众参与。

　　虽然以上三个问题是我国目前海洋保护区建设和管理中所遇到的最主要问题,但是本书认为,实际上,这三个问题都是由一个更深层次的问题所导致的,即海洋保护区的经济效益问题。

---

①　Kelleher, G. A global representative system of marine protected areas [J]. Ocean & Coastal Management, 1996,32(2):123 - 126.

②　Jones P J S. Marine protected area strategies: issues, divergences and the search for the middle ground [J]. Reviews in Fish Biology and Fisheries, 2001,11:197 - 216.

③　McClanahan TR. Is there a future for coral reef parks in poor tropical countries? [J]. Coral Reefs 1999,18:321 - 325.

④　E. J. Hind, M. C. Hiponia, T. S. Gray. From community-based to centralised national management—A wrong turning for the governance of the marine protected area in Apo Island, Philippines? [J]. Marine Policy, 2010, (34):54 - 62.

①只要经济效益上来了,海洋保护区的建设不仅不会与当地的发展有矛盾,甚至能成为当地新的经济增长点;②只要经济效益上来了,海洋保护区的各项建设资金自然就有了,也就能多引进专门的人才对保护区进行管理了;③只要经济效益上来了,立法者和管理者也就不必担心海洋保护区所在地的涉海民众会站在保护区的对立面,公众参与就会有实质性的法律保障,而若能让当地民众也从海洋保护区发展中受益,则对公众参与机制的引入又势必会促进海洋保护区的良性发展,两者便会相辅相成,相得益彰。

4.2.4.2 对策建议

本书认为,通过对海洋保护区开展恰当的融资及运营工作,就能解决海洋保护区发展中所遇到的经济效益问题,也能由此解决所派生出来的上述管理中所遇到的问题。也就是说,要解决海洋保护区的经济效益问题,实际上就是要解决海洋保护区的融资和运营问题。

从国际实践看,海洋保护区建设和管理资金的主要来源包括:政府拨款、国际组织资助、基金捐赠、个人捐赠、使用者所付费用、纪念品销售、特许商品销售、债务置换、信托基金、生态旅游以及生物医药企业资助等。① 从稳定性角度考虑,多样的融资组合是比较理想的,单纯的依赖某种资金来源,比如门票收入或者捐赠,都容易将海洋保护区置于财政危机的境地。②

---

① Geoghegan T. Financing protected area management: experiences from the Caribbean [J]. CANARI Technical Report,1998,272:3-4,6.

② Conservation Finance Alliance (CFA). Financing marine protected areas (one chapter of Conservation finance guide, 2001)[EB/OL]. [2011-05-25]. http://www. conservationfinance. org/guide/guide/indexd51. htm.

我国海洋保护区的经费来源主要依靠各级政府的拨款，而加勒比海地区发展中国家的实践表明，单纯依靠政府拨款来建设和管理海洋自然保护区是不可靠的，[1]我国的情况亦是如此。可以说，大部分资金充足的海洋保护区都不会只依靠政府拨款作为它们唯一的收入来源。[2]

根据笔者向福建省海洋与渔业厅了解到的情况，目前海洋保护区所需的费用主要分为申请建区的费用和建区后的运营费用，前者主要包括调查、科考及论证等的费用，而后者主要包括日常管理、监督设备及人员工资等费用。一般而言，一个国家级海洋保护区每年如果有五十万左右的资金，则可运转得比较正常，若有超过一百万的资金，就能保持较佳的状态。

结合我国的实际情况，本书提出以现代企业制度来运作海洋保护区的融资工作，解决海洋保护区的资金困境。

所谓的"现代企业制度"即指"公司制度"，包括"有限责任公司"和"股份有限公司"。《中华人民共和国公司法》[3]（以下简称《公司法》）分别在其第 24 条和第 79 条明确规定了"有限责任公司由五十个以下股东出资设立"和"设立股份有限公司，应当有二人以上二百人以下为发起人"。这里需要注意的是，《公司法》将"有限责任公司"的股东数限制在五十以下，而对于"股份有限

① Kimesha Reid-Grant, Mahadev G. Bhat. Financing marine protected areas in Jamaica: An exploratory study [J]. Marine Policy, 2009,(33):128-136.

② Geoghegan T. Financing protected area management: experiences from the Caribbean [J]. CANARI Technical Report, 1998,272:3-4,6.

③ 第八届全国人民代表大会常务委员会. 中华人民共和国公司法 [EB/OL]. [2011-05-25]. http://www.gov.cn/ziliao/flfg/2005-10/28/content_85478.htm.

公司"只是限制其发起人的数量,并未对其股东数进行限制。考虑到上述的国家级海洋保护区每年一百万的费用只是单纯针对海洋保护区本身运营管理的,若想真正使其产生经济效益,势必需要通过附加其他许多的努力才能达成目标。本书的设想是通过引入海洋保护区的战略投资者,真正让海洋保护区产生经济效益,所以本书假设需要一亿元的启动资金。因为资金量较大,出资股东数又直接关系到海洋保护区建设所能募集到的资金,所以本书认为对于海洋保护区的建设应采取设立"海洋保护区管理股份有限公司"的模式进行。对于"股份有限公司"注册资本的最低限额,《公司法》在其第 81 条第 3 款也作出了明确规定,即"五百万元",这个要求按照本书的设想已完全达到。

对于"股份有限公司"的设立方式,《公司法》在其第 78 条提供了两种方式,即"发起设立"和"募集设立"。所谓"发起设立",是指由发起人认购公司应发行的全部股份而设立公司;而"募集设立",是指由发起人认购公司应发行股份的一部分,其余股份向社会公开募集或者向特定对象募集而设立公司。对于"海洋保护区管理股份有限公司"应采取何种方式进行设立,应区分不同情况加以考虑,下面假定欲建设"福建省 A 地海洋保护区管理股份有限公司":

(1) 若政府财政和其他上百位发起人①的财力不足,则应采取"募集设立"的方式:假定政府财政和其他上百位发起人总共仅筹得 3 500 万,按照《公司法》第 85 条的规定,以"募集设立"

---

① 如前所述,在《公司法》第 79 条明确规定了"设立股份有限公司,应当有二人以上二百人以下为发起人",所以扣掉各级政府所占的发起人席位后,尚有上百位的发起人席位空缺。

方式设立股份有限公司的,发起人认购的股份不得少于公司股份总数的 35%,则"福建省 A 地海洋保护区管理股份有限公司"的最高注册资本便可达 1 亿(3 500 万/35%),即可面向社会公开募集或者向特定对象募集的资金达 6 500 万(1 亿—3 500万),这些资金对于形成海洋保护区自身的盈利功能应是有极大的助益了。

(2) 若县市财政和其他上百位发起人的财力雄厚,并且"福建省 A 地海洋保护区管理股份有限公司"的发展前景优良,连续盈利能力确定,则可采取"发起设立"这种方式,由发起人全额认购该公司的股份,并且按照《公司法》第 81 条的规定,全体发起人的首次出资额不低于股本总额的 20%即可,其余部分可由发起人自公司成立之日起两年内缴足,这样的规定无疑缓解了县市财政和其他中小发起人的资金压力,对该海洋保护区的融资建设起到了积极的作用。

在此需要强调并说明的是,"福建省 A 地海洋保护区管理股份有限公司"的发起人绝不应仅限于中央、福建省和县市财政等公有资金,应把海洋保护区所在地的渔民、村民以及其他有意愿并有能力的企业、团体和个人都发动起来。

由于"福建省 A 地海洋保护区管理股份有限公司"只能有 200 人以下的发起人,若当地渔民等民众认购股份踊跃的话,可以采取"隐名股东"的做法予以变通:假设有 300 户渔民均有意愿投资"福建省 A 地海洋保护区管理股份有限公司",由于渔民的投资能力比较有限,很明显,该海洋保护区管理股份有限公司不可能将这不到 200 人的发起人配额全部给予渔民,假设该公司给出了 5 个渔民发起人配额,则这 300 户渔民中的 295 户则可以将其资金委托给另外的 5 户,并通过订立书面合同的方式写明委托这 5 户渔民入股该海洋保护区管理股份有限公司,这 295 户渔民的收益按照合同中列明的比例来获得。在这里,成为该海洋保护区管理股份有限公司股东的仅为这 5 户渔民,其余的 295 户渔民便成为了"隐名股东"。这里要指出的是,虽然"隐名股东"的利益是受到《合同法》保护的,但是"隐名股东"因为其是"隐名"的,所以可能也会存在一些不便之处,例如"隐名股东"所持的股权在流转程序上可能会复杂一些,或代表"隐名股东"的"显名股东"如果与股份有限公司发生纠纷,可能也会对其所代表的"隐名股东"产生影响。当然,若得不到配额的渔民认为"隐名股东"有风险,那可以等到"福建省 A 地海洋保护区管理股份有限公司"面向社会公开募集资金的时候再由自己来认购股权,则此时即为"显名股东",就没有了上述"隐名股东"的风险,但是在公开募集资金时认购股权,其认购价格往往比发起人所认购的价格要高。政府相关机构在融资时应向渔民解释清楚此中原理,以便渔民能作出最符合自己意愿的决定,使得融资顺利进行。在上述例子中的 5 个渔民发起人配额,可以通过摇号或者抽签的方式选出,以示公平。

此外,海洋保护区管理股份有限公司应努力拓宽经营渠道,保持持续的盈利及其增长率,并以上市作为其目标。需要说明的是,这种以上市为目标的做法能大大增强设立公司时的募集资金能力,因为在海洋保护区管理股份有限公司 IPO 之后,势必使得在公司上市前便投资该公司的股东们获利丰厚。因此,若投资者在知晓某海洋保护区管理股份有限公司设立时便以上市作为其目标,其投资热情将会大大增加,这也极大地有利于海洋保护区的建设和后续运营。

上面详细阐述了如何运用现代企业制度来运作海洋保护区

的融资工作,这便是成立"海洋保护区管理股份有限公司"。通过这种模式,可以使得发起人每投入35元,最多募集到65元的资金,使得海洋保护区建设和运营所需的资金得到解决。然而,要使得那35%中的非公有资金和65%的社会募集资金积极地投入到海洋保护区的建设中来,还必须对"海洋保护区管理股份有限公司"的运营作——明确,才能对广大有兴趣且有能力的投资者产生足够大的吸引力。

首先,必须明确"海洋保护区管理股份有限公司"经营上的地域范围。本书所指的"海洋保护区管理股份有限公司"绝不是地域上被"困在"海洋保护区中的公司,它主要的经营地域范围应包括海洋保护区、周边海域与岛屿、附近大陆陆域,也就是说,"海洋保护区管理股份有限公司"所经营的是以海洋保护区为核心,辐射周边一定区域的"海洋保护区经济圈"。其中需要注意的是,在海洋保护区内的经营活动不能违反《自然保护区条例》、《海洋自然保护区管理办法》及《海洋特别保护区管理办法》中的相关规定,例如,对于海洋自然保护区,只能在其实验区内进行参观旅游,而不能进入其缓冲区和核心区内。

其次,必须明确"海洋保护区管理股份有限公司"的盈利点。本书所指的"海洋保护区管理股份有限公司"可能主要包含以下几个盈利点:①公司可在海洋保护区周边岛屿或者附近大陆陆域建设一些高端酒店、会所以及游艇码头,以海洋保护区的海景和生态旅游来吸引高端游客;②海洋保护区所保护生物物种、遗迹及生态系统的周边纪念品的特许经营权;③发展生态养殖和休闲渔业;④向海洋生物医药研发公司收取采样费、培育费或者咨询费。除了上述的赢利点,各地的海洋保护区管理股份有限公司还可根据所辖海洋保护区的特点来强化各种特色服务。

再次，对于投资数额较大、经营面较广的"海洋保护区管理股份有限公司"在其发展壮大的过程当中，应努力寻求突破行政区域界限，通过资产注入、重组并购等方式整合周遭较小型的"海洋保护区管理股份有限公司"，努力形成具有区域影响力的海洋保护区管理集团公司，这不仅有利于海洋保护区自身的壮大，也势必将大大提振海洋保护区所在地的经济发展能力。

最后，需要明确，不是所有的海洋保护区都适合建立或者被纳入"海洋保护区管理股份有限公司"的经营范畴。因为有少部分海洋保护区由于其保护标的的特殊性，或者离大陆陆域和岛屿距离过远，而不适宜进行企业化运作或企业化运作的成本高于其收益。如果将这类海洋保护区纳入拟建"海洋保护区管理股份有限公司"的经营范畴，只能拖累公司的整体业绩，从而影响其他股东对于公司的投资热情，进而影响到其他具有经济开发价值海洋保护区的融资效果。那对于这类海洋保护区的融资问题又如何解决呢？本书认为，该类海洋保护区的建设和管理资金应该主要由政府来供应，与现有政府拨款不同之处在于：①现有的政府拨款对于政府而言，从总体上，是"只出不进"的形式，也就是说，政府对于海洋保护区一直处在往外拨款的状态；②本书所指的对不具备经济开发价值的海洋保护区进行政府拨款，对政府而言，从总体上是"八进二出"的形式，也就是说，政府将在大部分海洋保护区上的投资收益用来补贴少部分不具有经济开发价值的海洋保护区，两者对冲之后，政府财政在海洋保护区的总体收支中应还处于顺差状态。

此外，在"海洋保护区管理股份有限公司"不仅仅需要突出强调经济效益，更要将渔民或其他"失海"民众的转产转业当成是公司发展的大事来抓。由于海洋保护区的建设，或多或少地将会使周边涉海民众在不同程度上处于"失海"的状态,而由于这些民众的生存技能较为单一,有部分可能是世世代代以海为生的渔民,一旦"失海",将导致他们失去生活来源,这也是可能导致海洋保护区和当地民众之间冲突的最重要原因。基于上述考虑,公司应该优先吸纳当地参股民众进入公司从事与其能力相匹配的工作,此种做法的好处有四:①大大提高当地民众参股公司的热情,扩大融资量;②参股民众进入公司工作,既是老板,也是伙计,在工作主动性上势必远远高于单纯的雇佣劳工;③本地民众比较熟悉海洋保护区的各方面情况,工作容易上手,不需太长的磨合期,为公司节省了大量的培训成本;④有利于海洋保护区所在地区的社会稳定,使得公司拥有和谐的外部发展环境,有利于公司的稳定发展。

在这里尚需明确的一点是,"海洋保护区管理股份有限公司"对于海洋保护区内基础公共设施的维护保养亦负有完全的义务,这并不是将某些负担强加于该公司,而是中央、省、市、县财政等公有资金在该公司中的体现,公司不得以任何借口推脱此义务。

海洋保护区融资工作的成败有赖于对"海洋保护区管理股份有限公司"运营的基本预期,而"海洋保护区管理股份有限公司"运营情况的好坏又直接关系到融资工作的可持续性。因此,若欲解决海洋保护区的资金困境及由其所带来的各种问题,更好地促进海洋保护区的建设,就应该在引入现代企业制度的基础上,同时开展好融资和运营两方面的工作,使它们能互相促进,并协调发展。

第5章 特别敏感海域研究
——兼论其借鉴意义

约占地球表面积71%的海洋为人类的生存和发展提供了丰富的生物、动力及矿产资源,随着人类社会经济的飞速发展,人类对海洋资源的开发与索取也逐步多元化,而过度的渔业捕捞、直排入海的陆源污染物、陆续新建的海岸工程、不断深入的深海矿产开采以及日益壮大的全球海运业,时时刻刻破坏着脆弱的海洋生态环境,造成了一些无法修复的生态损失。

尽管多年来,海洋污染来源以陆源为主,但随着全球海运业的飞速发展,发生船舶溢油事故的潜在风险也在随之增大。为了减少不断增长的船舶运输量和危险物品的运输对海洋环境造成的破坏,国际海事组织(International Maritime Organization,简称 IMO)提出了特别敏感海域(Particularly Sensitive Sea Areas,简称 PSSA)这一概念,已经有许多国家将其作为保护海洋环境,防止海洋污染的政策之一。本章将围绕 PSSA 展开相关内容的探讨,并阐述其对于完善我国以海洋环境保护为导向海洋功能区体系的意义。

5.1　PSSA 的内涵

PSSA 是指需要由 IMO 采取特殊措施予以保护的海洋区域,该海域在生态学,社会、文化、经济、科学和教育价值等方面具有公认的特殊意义,且易受到国际海运活动的影响和破坏。在指定特别敏感海域时,满足法律条款要求的相关保护措施(associated protective measures,简称 APM)必须得到 IMO 的批准或采纳,从而防止、减少或消除该海域的环境威胁或已确定的环境脆弱性。[①]

2005 年 11 月召开的第 24 届 IMO 大会通过了 A. 982(24)号决议,正式采纳了《特别敏感海域识别及指定指南》(修订版)[②](以下简称为"《PSSA 指南》")。

《PSSA 指南》的架构类似于一部带序文的国际公约,如其第 1 条可以看做是序文部分,而接下来的第 2 条和第 3 条则分别是有关于 PSSA 实质及程序方面的内容。[③]《PSSA 指南》第 1.4 条明确了其三个目的:①为希望指定 PSSA 的政府提供指

---

① IMO. Revised guidelines for the identification and designation of particularly sensitive sea areas (Resolution A. 982(24)) [Z]. Adopted on 1 December 2005. para. 1. 2.

② IMO. Revised guidelines for the identification and designation of particularly sensitive sea areas [Resolution A. 982(24)] [Z]. [2011 - 06 - 15]. http://www. gc. noaa. gov/documents/982-1. pdf.

③ Markus J. Kachel. Particularly Sensitive Sea Areas-the IMO's Role in Protecting Vulnerable Marine Areas [M]. Berlin/ Heidelberg: Springer-Verlag, 2008. p. 155.

导依据；②当某海域存在因国际海运活动而被影响或破坏的风险时，能确保并平衡各方的利益；③为 IMO 的相关应用提供评价机制。① 同时，《PSSA 指南》也指出了 PSSA 的三个紧密联系的要素：该海域的属性特征、该海域易受到国际海运活动影响和破坏的脆弱性以及可以有效处理已被识别风险的 APM。② 由于国际海运活动会给海洋环境带来潜在的风险，如人工操作失误、事故性或蓄意排放危险物物质，以及对海洋生境造成物理性的破坏，出于保护海洋环境的目的，《PSSA 指南》将船舶确认为威胁海洋环境的一个污染源。某些海域需要采取量身定制的措施加以充分的保护，而《PSSA 指南》则为识别这些海域制定了详尽的标准。

识别 PSSA 的标准分为①生态学，②社会、文化和经济，③科学和教育三个方面。拟被识别为 PSSA 的区域必须至少满足其中一类标准，而整片海域的不同区域可以分别满足三类标准中的任意一项或多项。③ 为了与 PSSA 的定义相符，这些海域也必须正遭受到国际海运业带来的严重威胁。为了方便识别 PSSA，《PSSA 指南》还罗列了需要考虑的船舶交通特性和自然因素。

一旦某个海域被确认满足 PSSA 的标准，那么它就必须得到充分的保护。然而，PSSA 这个头衔并没有自我保护的功能。实际上，PSSA 的制度就像是一种管理机制，在这种管理机制下，各种不同的保护措施都在一个单一的行政框架内运行。因

---

① IMO. Revised guidelines for the identification and designation of particularly sensitive sea areas [Resolution A. 982(24)] [Z]. para. 1. 4.

② Ibid. para. 1. 5.

③ Ibid. para. 4. 4.

此,需要根据不同海域的具体情况制定相应的 APM,《PSSA 指南》对应该采用何种 APM 以及有何法律依据都作了详细规定。① 此外,申请 PSSA 的国家必须指出所采取的 APM 可能对船舶安全和船舶运输带来的影响。《PSSA 指南》在其第 8 条阐述了申请指定 PSSA 的评价标准和采用 APM 的标准,尤其是给予海洋环境保护委员会(Maritime Environment Protection Committee,MEPC)及 IMO 各级委员会的作用与所需要执行的程序一个完整的说明。②

5.2　PSSA 的发展

1986 年起,IMO 下属的 MEPC 根据"1978 年国际油轮安全和防止污染会议"的第 9 号决议,开展了 PSSA 的有关研究。③ 1991 年 IMO 的 A.720(17)号决议,采纳了《指定特殊区域和识别特别敏感海域指南》(Guidelines for the Designation of Special Areas and the Identification of Particularly Sensitive Sea Areas)④;1999 年 IMO 又通过了 A.885(21)号决议,重点对 A.720(17)号决议中的指定特殊区域和识别特别敏感海域的

---

① IMO. Revised guidelines for the identification and designation of particularly sensitive sea areas [Resolution A. 982(24)] [Z]. para. 6 and 7.

② Ibid. para. 8.

③ 范耀天,张洪武. 论 PSSA 的发展及对我国建立 PSSA 的思考 [J].武汉船舶职业技术学院学报,2006,5:23 - 27.

④ IMO. Guidelines for the designation of special areas and the identification of particularly sensitive sea areas [Resolution A. 720(17)] [Z]. [2011 - 07 - 29]. http://www5. imo. org/SharePoint/blastDataHelper. asp/data_id%3D22581/A720%2817%29. pdf.

程序作了进一步说明。① 例如,《指南》要求在申请报告中必须包含申请 PSSA 的标准,如何评估 PSSA 申请以及 IMO 各委员会在此过程中如何协作等。2001 年 11 月,A. 885(21)号决议被 A. 927(22)号决议所取代,新决议更新并简化了原有的建议性指南。② 2005 年 11 月召开的第 24 届 IMO 大会通过了 A. 982(24)号决议,正式通过并采纳了《特别敏感海域识别及指定指南》(修订版)(Revised Guidelines for the Identification and Designation of Particularly Sensitive Sea Areas)[Resolution A. 982(24)]③(即本书第 5.1 节所述之"《PSSA 指南》"),此版本的指南侧重于 PSSA 指定后的法律效果。

5.2.1 1991 年版本的《指南》

虽然早在 20 世纪六七十年代,IMO 就开始实施航行管制措施以保护环境敏感地区,④但直到 1978 年 2 月"国际油轮安全和防止污染会议"通过第 9 号决议,全球海运业才首次正视

---

① IMO. Procedures for the identification of particularly sensitive sea areas and the adoption of associated protective measures and amendments to the guidelines contained in Resolution A. 720 (17) [Resolution A. 885(21)] [Z]. [2011 - 07 - 29]. http://www5. imo. org/SharePoint/blastDataHelper. asp/data _ id％ 3D24275/885％ 2821％ 29. PDF.

② IMO. Guidelines for the designation of special areas under MARPOL 73/78 and guidelines for the identification and designation of particularly sensitive sea areas [Resolution A. 927(22)] [Z]. [2011 - 07 - 29]. http://www5. imo. org/SharePoint/blastDataHelper. asp/data_id％ 3D10469/927. pdf.

③ IMO. Revised guidelines for the identification and designation of particularly sensitive sea areas [Resolution A. 982(24)] [Z]. [2011 - 06 - 15]. http://www. gc. noaa. gov/documents/982-1. pdf.

④ Cf. Gerard Peet. Particularly Sensitive Sea Areas-An Overview of Relevant IMO Documents [J]. IJMCL, 1994,(9):556 - 576.

海洋保护区的相关问题。

1986 年 MEPC 第 23 次大会上，IMO 决定开始审议 PSSA 的概念。① 1986 年至 1991 年间，MEPC 继续推进该项工作，并从 IMO 海洋安全委员会（Marine Safety Committee，MSC）、IMO 航行安全分委员会（Sub-Committee on Safety of Navigation，NAV）、国际海洋学委员会（International Oceanographic Commission）、《伦敦倾废公约》（London Dumping Convention）和其他非政府组织（Non-Governmental Organizations）处得到了许多建议。②

1990 年在瑞典马尔默举行的保护 PSSA 国际研讨会上，与会者通过了一项宣言，就实行 PSSA 制度提出了若干建议③，绝大多数建议最后都被采纳了。通过上述努力，MEPC 制定了《国际防止船舶污染公约》（Maritime Agreement Regarding Oil Pollution，MARPOL）中的特殊区域（Special Areas，SA）及 PSSA 的相关文件。④ 1991 年 11 月的 IMO 大会上通过了

---

① MEPC 23/22. Report on the Marine Environment Protection Committee on its Twenty-Third Session [R]. 25 July 1986. para. 16.

② Markus J. Kachel. Particularly sensitive sea areas-the IMO's role in protecting vulnerable marine areas [M]. Berlin/ Heidelberg： Springer-Verlag，2008. p. 157.

③ Ryan P. Lessmann. Current protections on the galapagos islands are inadequate： the international maritime organization should declare the islands a particularly sensitive sea area [J]. Colo. J. Int'l Envtl. L. & Pol'y，2004，(15)：117 - 151；Peter Ottesen，Stephen Sparkes and Colin Trinder. Shipping threats and protection of the Great Barrier Reef Marine Park-the role of the particularly sensitive sea area concept [J]. IJMCL，1994，(9)：507 - 522.

④ MEPC 30/19/1. Draft guidelines for the designation of special areas and the identification of particularly sensitive areas. 17 August 1990； and MEPC 30/19/1/ Corr. 1 of 12 October 1990.

A. 720(17)号决议,包括海洋保护区和由国际海运业带来的风险的综述、MARPOL 中的 SA 及 PSSA 的内容。为了便于各国起草申请报告,1991 年版本的《指南》包含了一些表格及大量的附录、已有的 SA、已有的船舶定线措施和其他 IMO 实施的措施。

5.2.2　2001—2005 年的《指南》

1991 年版本的《指南》因"过于冗长、太过复杂和不便于理解"而被摒弃,① 1999 年对其进行了修订,并于 MEPC 第 43 次大会上;以"A. 885(21)号决议"②的形式通过。"A. 885(21)号决议"规定了 MEPC 作为 PSSA 申请的主要负责机构。③ 在 MEPC 第 46 次大会的一份报告中,规定了 PSSA 申请中的生态学标准、科学评估标准、APM 的规定以及 1999 年修订版《指南》中的程序要求。④ 2001 年 11 月,IMO 大会通过了 A. 927(22)

---

① Louise de la Fayette. The marine environment protection committee: the conjunction of the law of the sea and international environmental law [J]. IJMCL, 2001,(16):155 - 238.

② IMO. Procedures for the identification of particularly sensitive sea areas and the adoption of associated protective measures and amendments to the guidelines contained in Resolution A. 720 (17) [Resolution A. 885(21)] [Z]. Adopted on 4 February 2000. [2011 - 07 - 29]. http://www5. imo. org/SharePoint/blastDataHelper. asp/data_id% 3D24275/885%2821%29. PDF.

③ IMO. Procedures for the identification of particularly sensitive sea areas and the adoption of associated protective measures and amendments to the guidelines contained in Resolution A. 720 (17) [Resolution A. 885(21)] [Z]. Para. 4. 3.

④ MEPC 第 45 次大会已经就一些有争议的问题有了决定。参见 MEPC 45/6. Report of the correspondence group on the revision of Resolution A. 720(17) [R]. 3 June 2000.

号决议，撤销了之前的两项决议。^① 在 MEPC 第 52 次大会上，美国提交了 IMO A.927(22)号决议的修订草案，^②得到了与会各代表团的积极响应，委员会同意成立了一个"会议间通信组"（Intersessional Correspondence Group），该"会议间通信组"在 MEPC 第 53 次大会上提交了一份长达 45 页的报告，解决了许多问题。^③ 2001 年所进行的《指南》修订，是由于许多国家认为先前版本的《指南》未能被合理使用，而 2005 年所进行的指南修订，则是由于一些国家认为申请成员政府可能会滥用含糊起草的指南条款，保护区面积的扩大可能最终会导致在申请海域中出现过多的避航区。2005 年 11 月召开的第 24 届 IMO 大会通过了 A.982(24)号决议，正式通过了现行的《PSSA 指南》。

5.3　PSSA 与国际法

5.3.1　PSSA 与 UNCLOS

建立 PSSA 以保护海洋环境与 UNCLOS 的理念相符，尤其是 UNCLOS 第 192 条和第 194 条的一般规定。UNCLOS 的一些旨在保护海洋环境和生物多样性的条款，也为 PSSA 概念的

---

① IMO. Guidelines for the designation of special areas under MARPOL 73/78 and guidelines for the identification and designation of particularly sensitive sea areas [Resolution A.927(22)] [Z]. Adopted on 29 November 2001.

② MEPC 52/8. Proposed amendments to Assembly Resolution A.927(22) to strengthen and clarify the guidelines for the identification and designation of particularly sensitive sea areas [R]. 9 July 2004.

③ MEPC 53/8/2. Report of the Correspondence Group [R]. 15 April 2005.

应用提供了依据。UNCLOS 的第 211 条第 6(a)款中特别区域的确定标准与 PSSA 的指定标准并不相互排斥,在很多情况下,有可能在特别区域内认定一个 PSSA,反之亦然。

UNCLOS 的第 211 条第 1 款规定:"各国应通过主管国际组织或一般外交会议采取行动,制定国际规则和标准,以防止、减少和控制船只对海洋环境的污染,并于适当情形下,以同样方式促进对划定航线制度的采用,以期尽量减少可能对海洋环境,包括对海岸造成污染和对沿海国的有关利益可能造成污染损害的意外事件的威胁。这种规则和标准应根据需要随时以同样的方式重新审查。"①指定 PSSA 也可认为在履行该条款所规定的义务。

UNCLOS 的第 211 条第 6(a)款规定:"如果第 1 款所指的国际规则和标准不足以适应特殊情况,又如果沿海国有合理根据认为其专属经济区某一明确划定的特定区域,因与其海洋学和生态条件有关的公认技术理由,以及该区域的利用或其资源的保护及其在航运上的特殊性质,要求采取防止来自船只污染的特别强制性措施,该沿海国通过主管国际组织与任何其他有关国家进行适当协商后,可就该区域向该组织发通知,提出所依据的科学和技术证据,以及关于必要的回收设施的情报。该组织收到这种通知后应在十二个月内确定该区域的情况与上述要求是否相符。如果该组织确定是符合的,该沿海国即可对该区域制定防止、减少和控制来自船只的污染的法律和规章,实施通过主管国际组织使其适用于各特别区域的国际规则和标准或航行办法。在向该组织送发通知满十五个月后,这些法律和规章

---

① 傅崐成.海洋法相关公约及中英文索引[M].厦门:厦门大学出版社,2005:79.

才可适用于外国船只。"①

从一定程度上看,UNCLOS 的第 211 条第 6(a)款为 IMO 采用排放标准或采取比已有措施更为严格的其他措施提供了法律依据。因此,UNCLOS 的第 211 条第 6(a)款可以为包含 PSSA 的专属经济区制定保护措施提供法律依据。亦由于 A. 885(21)号决议归入了 PSSA 指南,UNCLOS 的第 211 条第 6(a)款为批准与采纳 PSSA 的 APM 提供了一个法律基础。②

5.3.2　PSSA 与 CBD

虽然 PSSA 的概念与 1992 年 CBD 并无直接关联,但 IMO 和国际社会都会认为 PSSA 履行了 CBD 所规定的义务,MEPC 近期的内部审议意见也显示出许多非营利性环保组织将 PSSA 作为 IMO 的一个主要手段,IMO 的成员国都努力履行 CBD 所规定的义务。③ 在 1991 年版的《指南》中,更加明确地提到了 PSSA 与 CBD 的关系,④同时,CBD 也认为 PSSA 的概念是与海洋生物多样性的大背景相关联的。⑤

---

①　傅崐成. 海洋法相关公约及中英文索引[M]. 厦门:厦门大学出版社,2005:80.

②　Julian Roberts. Marine Environment Protection and Biodiversity Conservation—The Application and Future Development of the IMO's Particularly Sensitive Sea Area Concept [M]. New York: Springer Berlin Heidelberg, 2007. p. 102.

③　Ibid. p. 107.

④　MEPC. Report to the commission on sustainable development in fulfillment of General Assembly Resolution 47/191 adopted on 22 December 1992 [R]. The report was approved by the 36th Session of the MEPC and was submitted as an information paper to the 37th session under the reference MEPC 37/INF. 2, 6 February 1995.

⑤　Julian Roberts. Marine Environment Protection and Biodiversity Conservation-The Application and Future Development of the IMO's Particularly Sensitive Sea Area Concept [M]. Berlin/ Heidelberg: Springer-Verlag, 2007. p. 108.

5.4 PSSA 的识别与指定

对于 PSSA 的指定,实际上是以 MEPC 决议的形式完成的。然而,在正式指定某个 PSSA 之前,需要通过 IMO 的一些程序。一个或多个国家提交指定 PSSA 的申请后,将由主管机构进行评估。

5.4.1 识别的标准

若某个海域欲被识别为 PSSA,首先它必须满足一定的标准,使其具有特别敏感性。《PSSA 指南》分列了三类识别 PSSA 的标准,即①生态学,②社会、文化和经济,③科学和教育三大类,并将其细分为 17 项亚类标准。[①] 申请识别为 PSSA 的海域只需满足这 17 项亚类中的任何一条即可,而整片海域的不同区域可以分别满足三类标准中的任意一项或多项。[②] 此外,MARPOL 中的 SA,其与 PSSA 的标准也并不互相排斥。[③]

生态学标准(Ecological Criteria)细分为 11 项亚类标准:①独特性或稀有性、②重要生境、③依赖性、④代表性、⑤多样性、⑥生产率、⑦产卵或繁殖地、⑧自然性、⑨完整性、⑩脆弱性、⑪生物地理的重要性。

社会、文化和经济标准(Social, Cultural and Economic Criteria)细分为 3 项亚类标准:①社会或经济依赖性、②民众依

---

① IMO. Revised guidelines for the identification and designation of particularly sensitive sea areas [Resolution A. 982(24)] [Z]. para. 4. 4. 1 to 4. 4. 17

② Ibid. para. 4. 4.

③ Ibid. para. 4. 5.

赖性、③文化遗产。

科学和教育标准(Scientific and Educational Criteria)细分为 2 项亚类标准:①研究价值、②教育价值。

5.4.2　国际海运活动造成的脆弱性

为了反映 PSSA 的内涵,除了满足《PSSA 指南》第 4.4 节所列的 17 项亚类标准之外,申请指定为 PSSA 还必须满足一个特性,即国际海运活动造成的脆弱性。PSSA 指南将其分为两类因素加以考虑:①①船舶交通特性(vessel traffic characteristics)、②可能引发船舶航行事故的自然因素(natural factors)。

第一类的船舶交通特性因素共包含 4 个方面:①操作因素(operational factors),申请 PSSA 的海域已存在的一些海事活动或海上工程设施(如小型捕鱼作业渔船、小型游艇、石油及天然气钻井平台等)会降低船舶航行安全性;②船舶类型(vessel types),即通过该海域或该海域附近的船舶类型;③交通特性(traffic characteristics),即船舶流量、单位体积船舶密度、船舶交互性、船舶碰撞或搁浅的风险等;④运载的有害物质(harmful substances carried),可能存在于船载货物、燃料或存储品中,无论何种类型、何种数量的有害物质,一旦泄漏到海洋中,都会对海洋环境造成损害。

第二类的自然因素则包含水文地理学因素(Hydrographical)、气象学因素(Meteorological)及海洋学因素(Oceanographic)三方面:①水文地理学因素主要指水深、海底和海岸地形,缺乏紧邻的安全锚地及其他需更谨慎航行的因素;②气象学因素包括一

---

① IMO. Revised guidelines for the identification and designation of particularly sensitive sea areas [Resolution A. 982(24)] [Z]. para. 5.1.

般的气象条件,如航行时的天气、海风的强度和方向、大气能见度、其他可能会提高船舶碰撞和搁浅风险及船舶有害物质排放风险污染海洋环境的天气因素等;③海洋学因素主要包括潮汐、海流、冰川、其他可能会提高船舶碰撞和搁浅风险及船舶有害物质排放污染海洋环境风险的海洋学因素等。气象学和海洋学这两种因素都可能会提高船舶碰撞和搁浅的风险以及船舶有害物质排放污染海洋环境的风险。

希望获益于 PSSA 机制的国家必须承担向 IMO 提供充分信息的义务,便于 IMO 做出着眼于各相关因素的决定。因此,各申请成员政府必须出示足够的证据,证明申请 PSSA 的海域至少满足一条"特别敏感"的标准,以及该海域正处于国际海运活动所带来的风险之中。除此之外,《PSSA 指南》的第 5.2 条列出了有助于 IMO 评估 PSSA 申请的一些可以用于进一步描述申请海域及其特征的信息,这些信息包括表明船舶事故可能会对该海域造成危害的证据、船舶搁浅、碰撞和溢油的历史数据、已经采取的保护措施和已获得或预期的收益、环境中其他来源的压力等。①

5.4.3 IMO 指定 PSSA 的程序

PSSA 的指定必须由 IMO 的一个成员政府(Member Government)提出,MEPC 接收成员政府提交的 PSSA 申请,负责相关的评估程序,并协调各级委员会参与决策。《PSSA 指南》规定了受理 PSSA 申请的评估要求,②相关的补充条款

---

① IMO. Revised guidelines for the identification and designation of particularly sensitive sea areas [Resolution A. 982(24)] [Z]. para. 5.2.

② IMO. Revised guidelines for the identification and designation of particularly sensitive sea areas [Resolution A. 982(24)] [Z]. para. 8.

由 MEPC 的一份指导性文件给出。①

　　《PSSA 指南》在第 7 条和第 8 条说明了指定 PSSA 的程序，其主要步骤如图 5-1 所示。当收到来自成员政府提交的 PSSA 申请后，MEPC 将在委员会会议中对其进行考量。若与会者无异议，则该 PSSA 申请将提交给一个由委员会成立的非正式技术工作组（informal technical group, ITG）。ITG 只单纯地对该申请进行技术科学方面的评估，如果 ITG 的评估结论证实该申请满足《PSSA 指南》的标准，则 ITG 将向全体委员会提出指导建议。为了便于评估，ITG 使用一种名为《PSSA 方案评审表》（PSSA proposal review form）的表格，该表格罗列出了 PSSA 指南中的各项标准。② 但现行的《PSSA 方案评审表》也引发了一些争议，有专家认为对于复杂的大面积海域的 PSSA 申请，需要一个更加全面、审慎的技术评审。③ MEPC 接纳了这个观点，④并在 MEPC 第 55 次会议上对原有的表格进行了改进。⑤

---

　　① 　MEPC/Circ. 398. Guidance document for submission for PSSA proposals to IMO [Z]. 27 March 2003.

　　② 　MEPC 51/WP. 9. Report of the Informal Technical Group [R]. 1 April 2004，Annexes 1 to 3，assessing the Canary Islands, the Galapagos Archipelago and the Baltic Sea Area respectively.

　　③ 　Personal statement given by Jim Osborne of Canada, Chairman of the ITG at MEPC 49, in the plenary [R]. Reproduced in MEPC 49/22, Report of the MEPC on its Forty-Ninth Session. 8 August 2003. para. 8. 22；Statement by the U. S in MEPC 52/8. Proposed amendments to Assembly Resolution A. 927(22) to strengthen and clarify the guidelines for the identification and designation of particularly sensitive sea areas [R]. 9 July 2004. para. 4.

　　④ 　MEPC 52/24. Report of the Informal Group on the PSSA Guidelines [R]. 14 October 2004. para. 8. 24.

　　⑤ 　MEPC 55/8. Particularly Sensitive Sea Area Proposal Review Form [Z]. 16 June 2006. Annex.

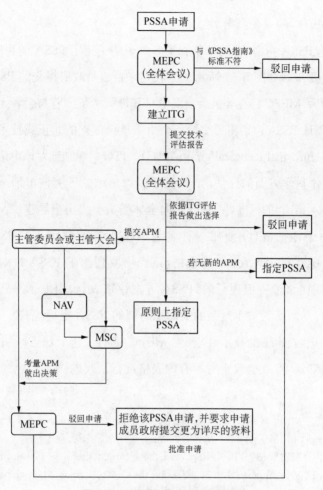

图 5 - 1 识别和指定 PSSA 的程序

资料来源：Julian Roberts. Marine Environment Protection and Biodiversity Conservation-The Application and Future Development of the IMO's Particularly Sensitive Sea Area Concept ［M］. Berlin/ Heidelberg：Springer-Verlag, 2007. p. 172.

若评估认为该 PSSA 申请是恰当的，MEPC 将采取两个步骤：①MEPC 将"原则上"（"in principle"）指定该海域为 PSSA，①表明

---

① IMO. Revised guidelines for the identification and designation of particularly sensitive sea areas ［Resolution A. 982(24)］［Z］. para. 8. 3. 2.

IMO 已识别了申请海域的敏感性,此时,APM 还未确定;②通知拟确定 APM 的相应主管委员会。由于各主管委员会的职能不同,申请材料中的 APM 可能会提交给 MSC,MEPC,NAV 或 IMO 大会。① 若某措施是需要 MSC 批准的,那分委员会(sub-committee)应向 MSC 提交一份关于批准该 APM 的建议;若分委员会驳回该措施的申请,它也应通知 MSC 和 MEPC,并提供一份其驳回理由的说明。②

若被提交的 APM 未通过批准,则 MEPC 有两种选择:①驳回申请,并将驳回理由告知成员政府;②若条件许可,则可要求成员政府提交额外的信息,这些信息可能将最终使得申请获得批准③。只要至少一个 APM 被批准后,MEPC 就可以指定该海域为 PSSA,这就使得先前"原则上"指定的 PSSA 最终变成现实。④

2005 年废除的早期《指南》"原则上"认可一种第二类的指定。就目前的情况而言,只有当 APM 被批准后,申请海域才有可能成为 PSSA,而根据旧版本的《指南》,申请成员政府可以提交未附带任何 APM 的 PSSA 申请,该申请可"原则上"通过,申请成员政府只需口头允诺日后再提交相应的 APM 即可。现行的《PSSA 指南》废除了这一做法,仅支持完整的最终指定。⑤ 通信组认为没有提交 APM 的 PSSA 申请是与《PSSA 指南》的原

---

① IMO. Revised guidelines for the identification and designation of particularly sensitive sea areas [Resolution A. 982(24)] [Z]. para. 8. 3. 2.

② Ibid. para. 8. 3. 5.

③ Ibid. para. 8. 3. 6.

④ Ibid. para. 8. 3. 7.

⑤ MEPC 52/8/1. Proposed amendments to Guidelines for the Identification and Designation of Particularly Sensitive Sea Areas [Annex 2 to IMO Assembly resolution A. 927(22)] [Z]. 6 August 2004, para. 20 et seq.

则相抵触的，若没有 APM，则《PSSA 指南》中的一些相关的条款将无法被考量。① 然而，原先的申请方式最后还是被予以保留，因为即使在提交的 APM 被批准之前，它也还是揭示了申请海域的特殊价值和脆弱性。从这个意义上说，IMO 对于申请海域的预警保护(precautionary protection)亦作出了贡献。②

整个指定程序的持续时间较难确定，MEPC 接收来自其他委员会关于 APM 的认可，这通常需要至少一年的时间。一旦 MEPC 决定在其随后的会议中指定某海域为 PSSA，在 APM 生效之前，会有一段延迟生效期，以便各利益相关方适应新的措施。一旦某海域被指定为 PSSA，IMO 要依据其规章，在符合国际法的基础上，保证所申请的 APM 尽快生效。③

5.4.4 对申请成员政府的要求

虽然 MEPC 主管整个 PSSA 的申请程序，但是申请成员政府(proposing member government)是否有能力提供足够的信息，当信息不足时是否能够配合 MEPC 提交补充信息，这些也都会影响 PSSA 的申请过程。《PSSA 指南》对申请成员政府制定和提交 PSSA 申请规定了各项义务。然而，即便在向 IMO 提交 PSSA 申请之前，申请成员政府应该考虑的仅仅是在国内指定海洋保护区，只有当该申请海域被认为确实必须采取全球性的保护措施时，申请成员政府才应采取相应的行动。④ 一般而

---

① MEPC 53/8/2. Report of the Correspondence Group [R]. 15 April 2005.

② The Correspondence Group. MEPC 53/8/2，Report of the Correspondence Group [R]. para. 7 et seq. 15 April 2005.

③ IMO. Revised guidelines for the identification and designation of particularly sensitive sea areas [Resolution A. 982(24)] [Z]. para. 8. 5.

④ MEPC/Circ. 398. Guidance document for submission for PSSA proposals to IMO [Z]. para. 2. 1. 27 March 2003.

言,一份指定 PSSA 的申请必须列出《PSSA 指南》中涉及的所有的注意事项和标准,以及这些注意事项和标准的相关支撑信息。①

指定 PSSA 的申请必须开宗明义的提出其申请 PSSA 的目的摘要,②此外,根据《PSSA 指南》的第 7.5 条,每份申请都必须由以下所述的两个部分组成。③

(1) 申请海域及其脆弱性的描述和重要性(description, significance of the area and vulnerability)——必须包含该海域的位置描述,尤其可使用适当的航海图来说明。此外,应充分说明该海域是否满足 PSSA 指南的相关标准,并具有何种重大意义,这项规定与 PSSA 指南的第 4.4 条相对应。最后,考虑到 PSSA 指南第 5 条中所列标准,申请应包含国际海运对该申请海域造成的风险的性质和程度,以及船舶运输可能对该海域带来损害的相关描述。

(2) 恰当的 APM 及其被 IMO 批准或采纳的能力分析(Appropriate associated protective measures and IMO's competence to approve or adopt such measures)——在申请中应识别拟采取的 APM,并需对 APM 所适用的船舶种类加以明确,且还应描述 APM 如何为受到国际海运活动威胁的申请海域提供足够的保护,特别的是,如果成员政府提出的 APM 不属于 IMO 的现有措施,那么成员政府或者需要明确说明其法律依

---

① IMO. Revised guidelines for the identification and designation of particularly sensitive sea areas〔Resolution A. 982(24)〕〔Z〕. para. 7.7.

② Ibid. para. 7.4.

③ IMO. Revised guidelines for the identification and designation of particularly sensitive sea areas〔Resolution A. 982(24)〕〔Z〕. para. 7.5.

据，或者需要说明已经为或将要为建立该法律基础而采取的步骤，或者上述两者均需说明。对于 IMO 批准或采纳相关保护措施的能力分析主要有两条衡量标准：①APM 是如何保护申请海域规避已识别出的海域脆弱性的，②IMO 是否有权批准或采纳该 APM。

PSSA 申请还需进一步提供 APM 可能对航行安全和效率，尤其是现有的航行模式或该海域的用途所造成的影响。① 此外，申请还需说明国内法中就船舶未能遵守 APM 的要求而采取的详细措施。②

还有一个问题尚需提及，即涉及在同一海域享有共同利益政府间的合作。根据《PSSA 指南》第 3.1 条，在同一海域享有共同利益的各政府应该（should）规划一份合作建议，③因为他们共同承受着离岸船舶运输带来的环境问题。然而，在波罗的海 PSSA 案例中，除俄罗斯外，其他波罗的海沿岸的各个国家提出了各自的 PSSA 申请，而俄罗斯拒绝了与其他各国就 PSSA 申请进行合作的建议。④ 甚至，俄罗斯认为将波罗的海指定为 PSSA 违背了《PSSA 指南》第 3.1 条的规定，而且也违反了 IMO 的基本决策原则，即公开、透明和达成共识的原则。⑤ MEPC 不

---

① IMO. Revised guidelines for the identification and designation of particularly sensitive sea areas [Resolution A. 982(24)] [Z]. para. 7. 6.

② Ibid. para. 7. 9.

③ Ibid. para. 3. 1.

④ MEPC 51/22. Report of the MEPC on its Fifty-First Session [R]. 22 April 2004, Annex 8. para. 8. 51; MEPC 51/8/1. Designation of the Baltic Sea Area as particularly sensitive sea area [Z]. 19 December 2003. para. 1. 1.

⑤ Russian Federation. Statements by the Russian Federation concerning the designation of the Baltic Sea as a PSSA [Z]. Reproduced in Report of the MEPC on its Fifty-First Session [R]. 22 April 2004, Annex 8.

支持俄罗斯的论点,认为《PSSA 指南》第 3.1 条的措辞是建议性的,不代表各申请成员政府有义务配合。MEPC 的这种解释耐人寻味,因为《PSSA 指南》第 3.1 条旨在鼓励各申请成员政府积极参与,使得申请中的资料更加简洁。① 每一项 PSSA 申请都由 IMO 判断其可取之处,如果申请获得批准,该海域则有资格被指定为 PSSA,该申请与国际法并无抵触。在 2005 年版的《PSSA 指南》修订过程中,俄罗斯曾试图修订《指南》,以期反映它的诉求:涉及多个国家的 PSSA 申请必须建立在这些国家达成共识的基础上,即欲将目前第 3.1 条中的"应该"(should)替换成"必须"(shall),同时还提议增加一条进一步阐明其立场的规定。② 然而,MEPC 并未同意这一建议。

如果申请成员政府提交了一份正确的 PSSA 申请,并得到 MEPC 和 IMO 其他机构的认可,MEPC 最终将通过正式决议,指定该申请海域为 PSSA。

5.5　APM 研究

除了对于申请海域进行 PSSA 的整体指定,IMO 还需要批准整个申请海域或申请海域部分区域的 APM。尽管 PSSA 的

---

① Julian Roberts. Marine Environment Protection and Biodiversity Conservation-the Application and Future Development of the IMO's Particularly Sensitive Sea Area Concept [M]. Berlin/ Heidelberg: Springer-Verlag, 2007. p.174.

② MEPC 52/8/1. Proposed amendments to Guidelines for the Identification and Designation of Particularly Sensitive Sea Areas [Annex 2 to IMO Assembly resolution A.927(22)][Z]. 6 August 2004. para. 9 et seq.

指定能对申请海域的环境起到预警保护的作用,但如果没有与之伴随的措施对该海域的国际海运活动加以约束,那单纯的PSSA指定也是徒劳的。

5.5.1 APM 的设定

根据《PSSA 指南》第 6.1 条的内容,APM 仅限于那些已经被 IMO 采用的或将被 IMO 批准的保护措施,以及下列三种选择:①

(1)依据 MARPOL 附则Ⅰ,Ⅱ或Ⅴ,可将该申请海域指定为 SA,或依据 MARPOL 附则Ⅵ,指定该申请海域为硫氧化物排放管制区(SO$_X$ emission control area, SECA),或对在 PSSA 内的船舶实施特别的限制排污措施;

(2)依据《国际海上人命安全公约》(International Convention for the Safety of Life at Sea, SOLAS)、《船舶定线制的一般规定》(General Provisions on Ships' Routeing, GPSR)和《船舶报告制指南及标准》(Guidelines and Criteria for Ship Reporting Systems),在该申请海域或其附近采用船舶定线制和船舶报告制,例如,可将一个 PSSA 指定为避航区(area to be avoided, ATBA);

(3)发展或采纳其他旨在保护特定海域免受船源污染的措施,其前提为这些措施有明确的法律依据。

可见,《PSSA 指南》不仅为申请海域可能实施的保护措施提供了抽象的法律基础,同时也包含了一些可供选择的 APM。除了明确列举的 SA、SECA、限制排污、船舶定线制、船舶报告

---

① IMO. Revised guidelines for the identification and designation of particularly sensitive sea areas [Resolution A. 982(24)] [Z]. para. 6.1.

制(ship reporting systems，SRS)，实际上从其条文看还隐含了许多的 APM。例如，船舶交通管理系统(vessel traffic services，VTS)、引航措施，一般接受的关于船舶设计、构造、人员配备或装备的国际规则或标准，拖船护送、运载危险核原料的船舶保护措施、征收环境税、降低船舶航行噪声、限制货物转运等。

由于包括船舶定线制、SRS、VTS 及引航措施在内的助航措施在 APM 中占据极为重要的地位，所以本书着重对助航措施进行说明。

就助航措施而言，对于保障船舶航行安全的一般规则很早之前就已出现，而后经由 1972 年《国际海上避碰规则》(International Regulations for the Prevent of Collisions at Sea，COLREGS)吸收，包括维护瞭望台，以及根据当时的航行条件设置船舶安全航行速度和根据船舶操控特点行使优先航行权等措施。[1] 然而，在某些海域或某种情况下，其中也包括大部分的 PSSA，这些一般规则不足以保护海域远离国际海运活动带来的风险。在此背景下，一系列的保护措施因此得以发展，以促进船舶安全航行，其中包括 COLREGS 自身的特定条款、SOLAS 和 IMO 的各种措施，绝大多数措施已经以决议的形式被采纳。

(1) IMO 所认可的船舶定线制共有九类：分道通航制(traffic separation scheme)、双向航路(two-way route)、推荐航线(recommended track)、避航区(area to be avoided)、禁锚区(no anchoring area)、沿岸通航带(inshore traffic zone)、环

---

① Markus J. Kachel. Particularly Sensitive Sea Areas-The IMO's Role in Protecting Vulnerable Marine Areas [M]. Berlin/ Heidelberg：Springer-Verlag, 2008. p. 190.

形道（roundabout）、警戒区（precautionary area）和深水航路（deep-water route）。

（2）SRS 有助于海上生命安全、海上航行安全及效率和海洋环境保护，[1]SRS 的目的是在某个特殊的海域内，向沿海国提供船舶目前所在位置的报告，尤其是当船舶可能对该海域环境带来威胁时。一份详细的船舶报告至少必须发送船舶名字、船舶呼号、IMO 识别号和船舶位置。[2]

（3）与 SRS 相比，VTS 则使用双向沟通机制以便沿海国进行船舶交通管理，通过船舶交通管理和规划，为安全高效的导航和保护海洋环境作出贡献。VTS 的法律依据是 SOLAS 的第 V/12 条规定，[3]为了充实这些一般规则，IMO 为这些规则制定了各自的指导性文件。[4] 根据《VTS 指南》，VTS 包含信息服务、航行辅助服务和交通组织服务。通常 SRS 和 VTS 会联合实施，因为船舶报告可能会为 VTS 提供有效数据。

（4）引航是最古老的促进船舶交通的方式之一。沿海国或港务部门一般会聘用引航员为船长提供引航服务。沿海国制定的引航制可以是推荐执行，也可是强制执行。它已被证明可有效减少在环境敏感海域里发生的船舶事故。[5] 然而，SOLAS 和

---

① Regulation V/11(1) of SOLAS.

② Para 2. 2. 1. 3 of the Guidelines and Criteria of Ship Reporting Systems.

③ Res. MSC. 65(68). Adoption of Amendments to the SOLAS Convention. adopted on 4 June 1997.

④ IMO. Res. Guidelines for Vessel Traffic Services [A. 857(20)] [Z]. Annex 1. Adopted on 27 November 1997.

⑤ Markus J. Kachel. Particularly Sensitive Sea Areas-The IMO's Role in Protecting Vulnerable Marine Areas [M]. Berlin/ Heidelberg: Springer-Verlag, 2008. p. 202.

其他国际条约并没有明确规定必须执行引航制。引航制类似 VTS，唯一不同的是，引航制是通过引航员和船长之间人与人的沟通，而不是人和系统之间的信息传递。

在设定 APM 时，还应考虑其他一些因素，如该申请海域是否被列入世界遗产名录，是否为生物圈保护区，是否被列为国际区域或国家重要区域并已实施相关的保护行动或协议。[①] 在某些情况下，也可能在该申请海域内划定一片缓冲区，有利于充分保护与其相邻的某一特定区域（核心区）免于船舶运输所带来的风险。[②]

此外，根据《PSSA 指南》第 7.5.2.5 条的规定，应与 UNCLOS 保持一致的前提下，明确所制定的 APM 分别适用于哪类船舶。[③]

5.5.2　APM 的采纳与驳回

PSSA 申请提交之后，分管委员会将开展评估 APM 的工作。IMO 在考量 PSSA 申请报告中的 APM 时，尤其会关注以下三方面：①保护措施整体是否可行，并确定现有的和被提交的 APM 是否可以有效防止、减少或消除国际海运活动给申请海域所带来的脆弱性；②这些措施是否会使得在申请 PSSA 海域的外围海域环境中，国际海运活动所带来的潜在的重大负面影响显著增加；③申请海域已被识别的海域属性、脆弱性、海域整体

---

① IMO. Revised guidelines for the identification and designation of particularly sensitive sea areas ［Resolution A. 982（24）］［Z］. para. 6.2.

② Ibid. para. 6.3.

③ Ibid. para. 7.5.2.5.

面积和 APM 之间的联系。①

根据《PSSA 指南》的第 8.4 条,IMO 为已采纳的 APM 的回顾和再评估提供了一个讨论平台,若 IMO 成员政府的船舶在 PSSA 航行中对 APM 有任何建议都可以向 IMO 反馈,IMO 可能会依据具体情况对 APM 做出适当调整,同时,PSSA 申请政府也可以对 APM 作出增加或修订。② PSSA 申请政府附加新的 APM 或对已有的 APM 进行修订时,应直接向相应的委员会提交报告③。除非 MEPC 作为某个特定的 APM 的主管委员会,否则 MEPC 不必介入 APM 的审批。

虽然目前为止还没有 PSSA 的申请被完全拒绝,但实际上,出于不同的原因,一些 APM 的提案被拒绝了,如托雷斯海峡 PSSA 的强制引航,西欧海域 PSSA 的单壳油轮禁航,秘鲁 Paracas National Reserve PSSA 的禁排区和丹麦、芬兰等国 Baltic Sea Area PSSA 的强制 ATBA。④

5.5.3 现有的 PSSA 及其 APM

截至 2011 年 8 月,IMO 指定的 PSSA 共 13 个,⑤具体的海域、APM 及指定日期如表 5-1 所示。

---

① IMO. Revised guidelines for the identification and designation of particularly sensitive sea areas [Resolution A. 982 (24)] [Z]. para. 8.2.

② Ibid. para. 8.4.

③ Ibid. para. 7.10.

④ Markus J. Kachel. Particularly Sensitive Sea Areas-The IMO's Role in Protecting Vulnerable Marine Areas [M]. Berlin/ Heidelberg: Springer-Verlag, 2008. p.230.

⑤ IMO. Particularly Sensitive Sea Areas [EB/OL]. http://www5. imo.org/SharePoint/mainframe.asp? topic_id=1357.

表 5-1　现有 PSSA 的 APM 及 MEPC 批准采纳日期

地　区	APM	MEPC 批准通过日期
澳洲：Great Barrier and Torres Strait	引航、强制报告、定线制	1990. 9. 26 - 30，MEPC 30 次会议 2005. 7. 18 - 22，MEPC 53 次会议
古巴：Archipelago of Sabana-Camaguey	分道通航制、禁止排污、避航区	1997. 9. 18 - 25，MEPC 40 次会议
哥伦比亚：the Malpelo Island	禁止通航	2000. 3. 4 - 8，MEPC 47 次会议
美国：the Florida Keys	4 个区域禁止通航、3 个区域禁止抛锚	2000. 3. 4 - 8，MEPC 47 次会议
丹麦、德国和荷兰：the Wadden Sea	强制报告和航行监督、分道通航、强制或推荐引航、MARPOL 特殊海域	2002. 10. 7 - 11，MEPC 48 次会议
秘鲁：Paracas National Reserve	禁止 200 GT 以上装有碳氢化合物和危险液体的船舶通行	2003. 7. 14 - 18，MEPC 49 次会议
西欧海域	单壳油轮强制报告	2004. 10. 11 - 15，MEPC 52 次会议
目前大堡礁 PSSA 的延伸地区，包括托雷斯海峡、澳大利亚和巴布亚新几内亚	强制引航制	2005. 7. 18 - 22，MEPC 53 次会议
西班牙：Canary Island	5 个区域禁止通航、2 个区域推荐航线、强制船位报告	2005. 7. 18 - 22，MEPC 53 次会议
丹麦、芬兰等国：Baltic Sea Area	分道通航、深水航线、报告和引航制及 MARPOL 特殊海域	2005. 7. 18 - 22，MEPC 53 次会议
厄瓜多尔：Galapagos Archipelago	禁止通航、船舶强制报告制	2005. 7. 18 - 22，MEPC 53 次会议 2007. 7. 9 - 13，MEPC 56 次会议

续　表

地　区	APM	MEPC 批准通过日期
Papahanaumokuakea 海上国家遗址	船舶报告制、禁止航行水域	2008. 3. 31 - 4. 4，MEPC 57 次会议
法 国、意 大 利：Bonifacio 海峡	双向航道、300 GT 及以上船舶实行强制船舶报告制、引航制	2010. 9. 27 -. 10. 1，MEPC 61 次会议 2011. 7. 11 - 15，MEPC 62 次会议

资料来源：（1）汤旭红，蔡存强. 特别敏感海域和特殊区域的对比研究［J］. 中国航海，2007，3：45 - 48.
（2）IMO. MEPC 53/24/Add. 2 Annex 21. Resolution MEPC. 133（53）. Designation of the Torres Strait as an Extension of the Great Barrier Reef Particularly Sensitive Sea Area［Z］. ［2011 - 08 - 14］. http：//www. amsa. gov. au/marine_environment_protection/torres_strait/133-53. pdf：4 - 6.
（3）IMO. MEPC 57/21. Annex 12. Resolution MEPC. 171（57）. Designation of the Papahanaumokuakea Marine National Monument as a Particularly Sensitive Sea Area［Z］. ［2011 - 08 - 14］. http：//www5. imo. org/SharePoint/blastDataHelper. asp/data_id%3D22481/171%2857%29. pdf：20 - 25.
（4）IMO. MEPC 62/9/1. Identification and Protection of Special Areas and Particularly Sensitive Sea Areas-Urgent matter arising from NAV 57 regarding the Strait of Bonifacio Particularly Sensitive Sea Areas［Z］. Annex. ［2011 - 08 - 14］. http：//maritimesafety. pmo. ir/filedownload-fa-13d6f40ebde8c90fc0ffe394c30fdc68 d60eee51ae2e2c6db1f6b35e833c3aa2. html：1.

5.6　借　鉴　意　义

如本书第 4.1 节所述，我国目前海洋功能区体系中以海洋环境保护为导向的海洋功能区只有第八类"海洋保护区"，其又可细分为"海洋自然保护区"和"海洋特别保护区"。

虽然我国的海洋自然保护区和海洋特别保护区存在如本书第4.2.1节中所述的差别，但是尚有十分明显的共同特点，即它们都是对于一个特定目标的保护。也就是说，我国海洋自然保护区和海洋特别保护区所包含的"保护"其实是具有"保护目标导向性"的，这从表4‐2中所列的海洋自然保护区和海洋特别保护区各自细分的亚类便可看出,这种保护导向的单一性难免削弱我国海洋保护区的建区成效。

值得庆幸的是,在保护导向性这一问题上,PSSA 恰恰弥补了我国海洋保护区的不足。这是因为 PSSA 并不是为了保护某个特定的目标而设置的,而是为了防止国际海运活动给特定海域造成的海洋环境损害才设置的,换句话说,PSSA 对于海洋环境的保护是具有"污染源导向性"的。

此处所提出的这两个概念,即"保护目标导向性"的海洋环境保护和"污染源导向性"的海洋环境保护,对于海洋环境保护而言可以说是相辅相成的两种措施:①前者为后者提供了明确的目标,使得后者有的放矢;②而后者为前者扫清了保护过程中可能遇到的障碍,使得前者的实施能事半功倍。所以,如果我国在领海或专属经济区内所设置的海洋自然保护区或者海洋特别保护区,能够同时被指定为 PSSA 的话,那对于该海域的环境资源保护一定助益良多。从这个角度上讲,将 PSSA 引入我国以海洋环境保护为导向的海洋功能区体系是具有重要现实意义的。

此处有一事项需要说明,从国际层面讲,对于"污染源导向性"的海洋环境保护空间分配措施,除了 PSSA 之外,比较有影响力的还有 SA。那么本书认为应引入 PSSA 而不是 SA,来完善我国以海洋环境保护为导向的海洋功能区体系的理据又在哪里呢?

SA 是指由于其海洋生态环境以及船舶交通运输的特性,而需要采取特殊的技术手段加以识别,并实行强制措施,以防止船舶油污染、有毒液体及垃圾造成海洋环境污染的海区。① 截至

---

① International Maritime Organization. MARPOL 73/78 Consolidated Edition 2002 [M]. London: IMO, 2002:45 - 47.

2011年8月,IMO已指定的SA如表5-2所示。①

表5-2　IMO已指定的SA

SA	指定时间②	生效日期	执行日期
附件Ⅰ:油类			
地中海	1973.11.2	1983.10.2	1983.10.2
波罗的海	1973.11.2	1983.10.2	1983.10.2
黑海	1973.11.2	1983.10.2	1983.10.2
红海	1973.11.2	1983.10.2	*③
"港湾"区域	1973.11.2	1983.10.2	2008.8.1
亚丁湾水域	1987.12.1	1989.4.1	*
南极区域	1990.11.16	1992.3.17	1992.3.17
欧洲西北水域	1997.9.25	1999.2.1	1999.8.1
阿拉伯海的阿曼水域	2004.10.15	2007.1.1	*
南非南部水域	2006.10.13	2008.3.1	2008.8.1
附件Ⅱ:有毒液体物质			
南极区域	1992.10.30	1994.7.1	1994.7.1
附件Ⅴ:垃圾			
地中海	1973.11.2	1988.12.31	2009.5.1
波罗的海	1973.11.2	1988.12.31	1989.10.1

① IMO. Special Areas under MARPOL [EB/OL]. [2011 - 08 - 12]. http://www. imo. org/ourwork/environment/pollutionprevention/ specialareasundermarpol/Pages/Default. aspx.

② Status of multilateral conventions and instruments in respect of which the international maritime organization or its secretary general perform depositary or other functions as at 31 December 2002.

③ The Special Area requirements for these areas have not taken effect because of lack of notifications from MARPOL Parties whose coastlines border the relevant special areas on the existence of adequate reception facilities (regulations 38. 6 of MARPOL Annex Ⅰ and 5(4) of MARPOL Annex Ⅴ).

续　表

SA	指定时间	生效日期	执行日期
黑海	1973.11.2	1988.12.3	*
红海	1973.11.2	1988.12.3	*
"港湾"区域	1973.11.2	1988.12.3	2008.8.1
北海	1989.10.17	1991.2.18	1991.2.18
南极区域(南纬60°以南)	1990.11.16	1992.3.17	1992.3.17
大加勒比海区域,包括墨西哥湾和加勒比海	1991.7.4	1993.4.4	2011.5.1
附件Ⅵ:防止船舶气体污染(排放控制区域)			
波罗的海(硫氧化物)	1997.9.26	2005.5.19	2006.5.19
北海(硫氧化物)	2005.7.22	2006.11.22	2007.11.22
北美(硫氧化物和氮氧化物)	2010.3.26	2011.8.1	2012.8.1

　　PSSA 相较于 SA,有以下优点:①指定标准较宽松——被指定为 SA 的海域必须同时满足海洋学、生态学和船舶交通特性每个类别中至少一项的标准,而被指定为 PSSA 的海域只需满足生态学标准,社会、文化和经济标准,科学和教育标准其中的任一类别中的任意一项标准即可,此外,申请 SA 必须以满足接收设备为前提,而 PSSA 则没有此类规定;②PSSA 申请的程序则相对简单,指定 PSSA 的周期也相对较短;③PSSA 的 APM 可供选择的方案更多样化,既可以选择 IMO 目前已实施的 APM,也可以依据自身情况提交新的 APM。① 特别需要强调的是,根据《PSSA 指南》第 6.1.1 条的规定,PSSA 可供选择的

---

　　① 汤旭红,蔡存强.特别敏感海域和特殊区域的对比研究[J].中国航海,2007,3:45-48.

APM 之一就有指定 SA,①也就是说,PSSA 的"污染源导向性"海洋环境保护措施包括了但绝不仅限于 SA 所能采取的措施。所以,综合各方面,引入国际层面的"污染源导向性"的海洋环境保护空间分配措施来完善我国以海洋环境保护为导向的海洋功能区体系,PSSA 将是最佳的选择。

对于 PSSA 此处的借鉴意义,绝不仅止于以上所述。由于我国已加入 UNCLOS,故国内法调整下的海洋自然保护区和海洋特别保护所采取的保护措施,在我国的领海和专属经济区实际上是无法完全执行的。或者说,这些保护措施与 UNCLOS 的相关条款是有冲突的,最明显例子的就是《自然保护区条例》所规定采取的"隔离式"的"保存"管理措施在很大程度上与 UNCLOS 保障船舶在沿海国领海和专属经济区内航行权利的规定相冲突。

在此背景下,可以说,在我国的领海和专属经济区中,申请将特定海域识别并指定为 PSSA 可能便是目前最能提供足够的保护措施来使得脆弱的海洋生态系统免受由国际海运活动带来的船源污染及其他威胁的方法,原因如下所述。

(1)通过在国际海图上确认已被指定为 PSSA 的海域,有助于为该海域独特的重要性提供全球范围内的认可,使得各国船舶在该海域内航行时将会格外的谨慎,由此能最大限度地降低发生各类海上事故的风险。

(2)可以在被指定为 PSSA 的海域内施行原先在国内法框架下无法实施的海洋环境保护措施,尽管部分措施不具有法律

---

① IMO. Revised guidelines for the identification and designation of particularly sensitive sea areas [Resolution A. 982(24)] [Z]. para. 6. 1. 1.

上的强制力,但由于其得到了 IMO 的批准,所以在很大程度上各国船舶还是会给予尊重,自愿遵守,相比之下,这些措施如果是由我国单方面提供并公布,由于缺少国际主管组织的认可,则可以预见,自愿遵守的各国船舶数量必会锐减,从而大大减弱了海洋环境保护的效果。

(3) 若我国的某一海域具备国际公认的特殊情形,那 IMO 对其的 PSSA 指定可能还可以采纳实施特殊的保护措施,即便这种措施无法在现有国际公认的措施内找到法律依据。

所以,从这个角度上来讲,PSSA 对于完善我国以海洋环境保护为导向的海洋功能区体系也有着重要的意义。

第6章 案例研究

6.1 厦门国家级海洋自然保护区管理
之空间冲突及其对策建议

6.1.1 保护区概况[①]

2000年4月,国务院办公厅公布了新建的18处国家级自然保护区,其中一处即为"厦门珍稀海洋物种国家级自然保护区",其在我国生物多样性保护等方面具有稀有性、代表性和典型性,在保护生态平衡等方面发挥着重要的作用。厦门珍稀海洋物种国家级自然保护区是在原来省、市级中华白海豚保护区、文昌鱼保护区、白鹭保护区的基础上合并建成的。

6.1.1.1 厦门中华白海豚自然保护区概况

在 IUCN 鲸类专家组主席 Leatherwood 的建议下,该保护

---

① 该节对于厦门珍稀海洋物种国家级自然保护区的概述,如无特别说明,则全部来源于"福建省情资料库"。参见 http://www.fjsq.gov.cn/showtext.asp? ToBook=150&index=147,最后查阅于 2011 - 07 - 15.

图 6-1　厦门中华白海豚省级自然保护区位置图

资料来源:张珞平,江毓武,陈伟琪,万振文,胡建宇.福建省海湾数模与环境研究
厦门湾专题报告图册集[Z].2009.

区于 1997 年 8 月成立,当时定为省级自然保护区。紧接着,厦
门市人民政府于 1997 年 10 月 18 日颁布了《厦门市中华白海豚
保护规定》,由 1997 年 12 月 1 日起开始实施。中华白海豚自然
保护区的范围(见图 6-1)规定在《厦门市中华白海豚保护规
定》的第 2 条中:"其范围界定为第一码头和嵩屿联线以北,高集
海堤以南的西海域①和钟宅、刘五店、澳头、五通四点联线的同
安湾口海域;②本市行政区域内的其他海域为保护区外围保护
地带。"③

中华白海豚是一种暖水性小型鲸类,分布在我国东南沿海,

---

① 该片海域面积总计约 3.5 平方公里。

② 该片海域面积总计约 2 平方公里。

③ 厦门市人民政府.厦门市中华白海豚保护规定[EB/OL].
[2011-07-15]. http://www.people.com.cn/item/flfgk/dffg/1997/
C662037199703.html.

多栖息于近海港湾河口一带,以成双行动者居多,有时也会成群结队。20 世纪 60 年代以前,"厦门岛—鼓浪屿"一带有成群游动翻滚,其后踪迹罕见。中华白海豚是一种珍稀动物,属国家野生动物重点保护对象。除供观赏外,还具较高科研价值,如可为回声定位水下通信导航及水中运动减阻等仿生学研究提供有益启示。作为鲨鱼的天敌,海域中有中华白海豚存在,人们在水里可免遭鲨鱼侵害之患。

6.1.1.2　厦门文昌鱼自然保护区概况

文昌鱼属国家二级保护动物,是无脊椎动物进化到脊椎动物的过渡类型典型代表,有"活化石"之称,具有重要的学术研究意义,同时也是营养价值很高的海珍品。

厦门是我国文昌鱼主要的传统产地,由于筑堤围垦,厦门刘五店海域的文昌鱼已濒临绝种。经调查,厦门岛东南面的黄厝附近海区和厦门与金门之间的一带海区,仍有丰富的文昌鱼资源。黄厝海区最高栖息密度达 1 050 尾/平方米,最高生物量为26.3 克/平方米。文昌鱼自然保护区位于 118°09′—118°20′E,24°24.5′—24°37′N。保护区面积为 53 平方公里(图 6 - 2),为省级自然保护区。

6.1.1.3　厦门大屿岛白鹭自然保护区概况

白鹭隶属鸟纲鹳形目鹭科白鹭属,为世界珍稀鸟类,厦门地区分布有 5 种,也是我国记录的仅有的 5 种。1860 年发现的中国白鹭新种,标本采集地就在厦门。白鹭在厦门各湿地环境均有分布,其中在西港沿岸的杏林湾至筼筜港一带较多。除具观赏价值外,白鹭在维护生态、科研、文化教育、旅游等方面都具有重要意义,是厦门市的市鸟。中华白鹭和岩鹭不仅是国家重点保护鸟类,也是世界性濒危物种。大白鹭和中白鹭则是《中日候

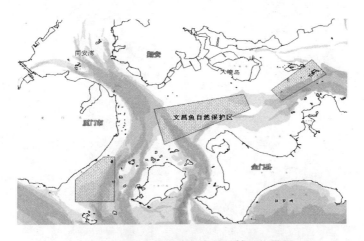

图 6-2　厦门文昌鱼省级自然保护区位置图

资料来源：张珞平，江毓武，陈伟琪，万振文，胡建宇．福建省海湾数模与环境研究厦门湾专题报告图册集［Z］．2009．

鸟保护协定》中的保护鸟类。

1995 年 11 月 1 日，厦门市第十届人大常委会第十九次会议通过了《厦门大屿岛白鹭自然保护区管理办法》，[①]其中第 2 条规定了"厦门大屿岛白鹭自然保护区的范围为大屿岛、鸡屿岛全部陆域和滩涂"（见图 6-3），第 3 条规定了其保护对象为岩鹭、黄嘴白鹭、大白鹭、中白鹭、小白鹭等白鹭品种及其赖以生息的环境。厦门大屿岛白鹭自然保护区为市级自然保护区。

6.1.2　空间冲突

纵观福建省海洋保护区建设历程，大致可分为三个阶段：①20 世纪 80 年代中后期，主要建设海洋水产资源保护区，为探索尝试阶段；②20 世纪 90 年代至 2003 年，为海洋自然保护区建

---

① 厦门市人大常委会．厦门大屿岛白鹭自然保护区管理办法［EB/OL］．［2011-07-15］．http://www. people. com. cn/item/flfgk/dffg/1995/C651043199586. html.

图6-3 厦门大屿岛白鹭市级自然保护区位置图

资料来源:张珞平,江毓武,陈伟琪,万振文,胡建宇.福建省海湾数模与
环境研究厦门湾专题报告图册集[Z].2009.

设蓬勃发展的主要阶段;③2004年至今,主要建设海洋特别保
护区,海洋自然保护区的建设进展相对停滞。①

厦门珍稀海洋物种国家级自然保护区就是在上述的第二阶
段被批准设立的(2000年),由于处在福建省大力发展海洋自然
保护区的历史阶段,所以自然而然地,该保护区就被定性为"海
洋自然保护区",而不是"海洋特别保护区"。实际上,直到2002
年,我国才划定了第一个"海洋特别保护区"。②

"海洋自然保护区"的定性,导致了海洋自然保护区的管理
与厦门的经济建设产生了严重的空间冲突。下面将选取中华白

① 李荣欣,陈兴群,陈彬,赖晓暄.浅议福建省海洋保护区建设与管
理[J].海洋开发与管理,2010,27(9):61-66.

② Wanfei Qiu, Bin Wang, Peter J. S. Jones, Jan C. Axmacher.
Challenges in developing China's marine protected area system. Marine
Policy, 2009,33:599-605.

海豚自然保护区作为例子,管窥这一严重的空间冲突。

作为后续分析的基础,有必要先对厦门周边海域从法律性质上作一定位。我国于 1996 年 5 月 15 日公布了《关于中华人民共和国领海基线的声明》,①在该份《声明》中公布了我国第一批大陆领海的部分领海基点和西沙群岛的领海基点,其中公布大陆领海的部分领海基点共计 49 个,即这些领海基点的顺序直线连线就构成我国目前大陆领海的部分领海基线。厦门周边海域就处在第 22 个基点"乌丘屿"和第 23 个基点"东碇岛"的直线连线之内(见图 6 - 4),这就意味着,厦门周边海域在我国第一批公布的领海基线之内,即,厦门周边海域从法律性质上讲,属于"内水"。

在明确了厦门周边海域的"内水"性质后,再从图 6 - 1 分析可以看出,作为"外围保护地带"的同安湾被左右两片的"中华白海豚海洋自然保护区"完全"封锁"在内部。如上所述,厦门周边海域的法律性质为"内水",所以根据本书第 4.2.1 节中对于准确认识海洋自然保护区法定保护措施的探讨,在厦门周边海域里的海洋自然保护区从法理上应该采取的是"隔离式"的"保存"管理措施。然而,如果严格按照"隔离式"的要求来管理中华白海豚海洋自然保护区,不仅同安湾将被完全隔绝,甚至整个厦门海域都将陷入被封锁的困境。众所周知,厦门是一座典型的海湾型城市,港口和旅游是厦门的两大支柱产业,海上运输十分频繁,各种船舶往返穿梭于厦门周边海域,从实际角度来考虑,对中华白海

---

① 国务院. 中华人民共和国政府关于中华人民共和国领海基线的声明(1996 年 5 月 15 日)[EB/OL]. [2011 - 05 - 20]. http://www.fmprc.gov.cn/chn/gxh/zlb/tyfg/t556673.htm.

图 6-4　厦门周边海域"内水"性质示意图

资料来源：Office of Ocean Affairs，Bureau of Oceans and International Environmental and Scientific Affairs in the Department of State. Limits in the seas No. 117—straight baseline claim：China［Z］. Navigational Map.

豚海洋自然保护区实施"隔离式"的"保存"管理措施是不现实的。

　　观之《厦门市中华白海豚保护规定》，在该《规定》的第 2 条明确规定了"厦门中华白海豚自然保护区实行非封闭式管理"[①]，这似乎意味着厦门市政府早已明白了该自然保护区无法按照《自然保护区条例》的规定进行管理，所以自行创设了一套"因地制宜"的管理方法。如该《规定》的第 14 条规定："在厦门中华白海豚自然保护区内进行活动，应遵守下列规定：①海上船舶除执行紧急任务或抢险救灾、救护等特殊情况外，内港航速不得超过 8 节，同安湾海域航速不得超过 10 节；②禁止底拖网和高 2 米、连续长度 150 米以上的流刺网作业；③禁止以娱乐或营利为目的的高速摩托艇和滑水活动；④设置排污口，应当进行环

---

　　① 厦门市人民政府. 厦门市中华白海豚保护规定［EB/OL］.［2011-07-15］. http://www. people. com. cn/item/flfgk/dffg/1997/C662037199703. html.

境影响评价,经市渔业行政管理部门签署意见,报市环境保护行政主管部门批准,建设排污处理设施,污水排放应达到国家和本市水污染排放标准的要求;⑤进行水下爆破、填海工程和将泥沙直接推入海里,施工单位必须报经市渔业行政管理部门审核,方可按有关规定办理相应手续,并采取有效的措施,防止或减少对中华白海豚资源的损害。"①

本书认为,上述《厦门市中华白海豚保护规定》的第 14 条不乏诸多的弦外之音:①除了该《规定》第 14 条提及的五类行为,其他活动均可在厦门中华白海豚自然保护区内自由进行;②海上船舶在执行紧急任务或抢险救灾、救护等特殊情况时,内港航速可以超过 8 节,同安湾海域航速可以超过 10 节;③高度低于 2 米、连续长度低于 150 米的流刺网作业在保护区内是被允许的;④不以娱乐或营利为目的的高速摩托艇和滑水活动在保护区内是被允许的,例如进行高速摩托艇障碍赛或滑水竞技;⑤只要获得当地相关部门批准,就能在保护区内设置排污口;⑥只要获得当地相关部门批准,就能在保护区内进行水下爆破、填海工程和将泥沙直接推入海里。本书认为,上述这六条足以让中华白海豚自然保护区名存实亡。

需要明确指出的是,《自然保护区条例》是行政法规,而《厦门市中华白海豚保护规定》充其量也只是地方性规章,按照《中华人民共和国立法法》第 79 条的规定,"行政法规的效力高于地方性法规、规章",②也就是说,《厦门市中华白海豚保护规定》在

---

①　厦门市人民政府. 厦门市中华白海豚保护规定[EB/OL]. [2011 -
07 - 15]. http://www. people. com. cn/item/flfgk/dffg/1997/
C662037199703. html.

②　第九届全国人民代表大会. 中华人民共和国立法法[EB/OL].
[2011 - 07 - 15]. http://www. gov. cn/test/2005-08/13/content_22423. htm.

中华白海豚自然保护区实行"非封闭式管理"的做法,从本质上就是违反上位法的。根据《立法法》第 87 条的规定,下位法违反上位法规定的,应当予以改变或者撤销。①

对于此点,本书设想可能存在一种为此"非封闭式管理"的合法性进行辩解的声音:厦门市是经济特区,在立法的权限上可以突破上位法的规定,制定符合自身区位特点的地方性法规和规章。

对上述的辩解,本书持反对态度。诚然,从法理上讲,经济特区确实在立法权限上拥有一些特权,可以不必完全受到上位法的拘束,但这是在不违背上位法基本精神和基本原则的前提下的一种有限突破,并不是说经济特区的地方性法规和规章便能无视一切上位法的规定。具体来看,作为上位法的《自然保护区条例》对自然保护区采取的是一种禁止进入的"隔离式"的"保存"管理措施,对自然保护区的核心区尤其如此,而这一管理措施正是使得法律条文所载之"自然保护区"成为现实中所存在之"自然保护区"的最核心措施。换句话说,没有"隔离式"的"保存"管理措施的严格贯彻,法律条文所载之"自然保护区"只能流于形式,而作为下位法的《厦门市中华白海豚保护规定》所采取的"非封闭式管理"模式无疑从本质上与上位法产生了矛盾,这种立法权限上的突破应当被认定为是无效的,所以应当予以改变或者撤销。

除了上述的辩解声音,笔者揣测可能尚有一种观点欲为此

---

① 第九届全国人民代表大会. 中华人民共和国立法法[EB/OL].[2011 - 07 - 15]. http://www.gov.cn/test/2005-08/13/content_22423.htm.

"非封闭式管理"正名:《自然保护区条例》第 18 条只是提及"自然保护区可以分为核心区、缓冲区和实验区"①,并规定了相应的管理要求。从该法条的字面上看,这并不是强制性规定,也就是说,自然保护区并不必然地需要划分为核心区、缓冲区和实验区,若自然保护区不进行此种分区,则该条款对于核心区、缓冲区和实验区的管理要求则自然无需适用,而中华白海豚自然保护区未进行如该条款所述的分区,所以其无需适用该条款关于各个分区的管理要求。

实际上,《自然保护区条例》对于此种想法早已有所防备,其30 条明确规定"自然保护区的内部未分区的,依照本条例有关核心区和缓冲区的规定管理",②也就是说,即使中华白海豚自然保护区没有划分为核心区、缓冲区和实验区,也要按照核心区和缓冲区的要求进行管理。

前面虽然只是以厦门珍稀海洋物种国家级自然保护区中的中华白海豚自然保护区为例进行论述,但从中不难推知,若加上文昌鱼自然保护区和白鹭自然保护区对厦门周边海域的限制,按照《自然保护区条例》的规定采取严格的"隔离式"的"保存"管理措施,厦门岛将几乎成为一个"孤岛",空间冲突极其严重。

6.1.3　对策建议

要解决上文所提到的严重的空间冲突,本书认为共有三种可能的方法,分析如下。

---

①　中华人民共和国国务院. 中华人民共和国自然保护区条例[EB/OL]. [2011 - 07 - 15]. http://www. gov. cn/ziliao/flfg/2005-09/27/content_70636. htm.

②　同上。

第一种，严格按照《自然保护区条例》的规定，采取"隔离式"的"保存"管理措施。此种做法的结果就是导致厦门岛将变成一座"孤岛"，届时厦门这座以港口和旅游为支柱产业的现代化海湾型城市将无以为生，所以很明显，此种做法不符合现实情况，不具有可操作性。

第二种，放任目前的"非封闭式管理"模式。根据上面的分析，此种做法虽然有《厦门市中华白海豚保护规定》这部地方性规章的"法律支持"，但该"法律支持"本身就是违反上位法的，所以该做法本身就是一种违法的管理模式。更令人担忧的是，若持续采用此种"非封闭式管理"模式，由于很大程度上无法起到自然保护区的作用，便有可能导致"破窗效应"（break pane law）①的产生，造成保护区的名存实亡。《中国青年报》在 2011 年 8 月 25 日报道的一则关于"厦门拟在自然保护区填海造岛建高端会所"的新闻，②正是印证了笔者的这种担心。因此，此种做法也是不正确的。

第三种，根据本书第 4.2.2.2 节中所探讨的，按照法律程序

---

① "破窗效应"源于美国斯坦福大学心理学家菲利普·辛巴杜（Philip Zimbardo）于 1969 年进行的一项实验。当时，他找来两辆一模一样的汽车，把其中一辆停在加州帕洛阿尔托的中产阶级社区，而另一辆停在相对杂乱的纽约布朗克斯社区。他把停在布朗克斯的那辆汽车的车牌摘掉，顶棚打开后，当天就被偷走了；而放在帕洛阿尔托的那辆汽车，一个星期也无人理睬。后来，辛巴杜用锤子把在帕洛阿尔托的那辆汽车的玻璃敲了个大洞，结果，仅仅过了几个小时，该车就被偷走了。这个效应表明，如果公众处在一种放任管理的无序状态下，各种违法行为就会滋生。

② 中国青年报. 厦门拟在自然保护区填海造岛建高端会所［EB/OL］. ［2011 - 08 - 26］. http://news. ifeng. com/mainland/detail_2011_08/25/8661855_0. shtml.

将目前的"海洋自然保护区"变更为"海洋特别保护区"。这是解决目前上述空间冲突的最佳法律途径,也是协调厦门城市发展和海洋资源保护的首选法律途径。首先,应申请撤销"厦门珍稀海洋物种国家级自然保护区",根据《自然保护区条例》第15条①的规定,自然保护区的撤销,应当经原批准建立自然保护区的人民政府批准,由于厦门珍稀海洋物种国家级自然保护区是由国务院批准设立的,所以应向国务院提出申请,申请时应向国务院阐明缘由,并明确该撤销是为了进一步申请"海洋特别保护区"所做的铺垫,并不是对珍稀海洋物种的不作为。其次,申请"厦门珍稀海洋物种国家级特别保护区",根据《海洋特别保护区管理办法》第13条②的规定,可由福建省海洋与渔业厅提出申请,经福建省人民政府同意后,报国家海洋局批准设立。一旦"厦门珍稀海洋物种国家级特别保护区"申请成功,则厦门目前所采取的"非封闭式管理"即为一种合法的管理模式,且管理也将会更侧重环境与经济的协调发展。此外,由于管理目标具有了可达性,便会使得保护区内的各项活动趋于有序化,将出现"破窗效应"的可能性降到最低。

不论是从本书的第4.2.2.2节抑或本节都可以看出,对"海洋自然保护区"进行批量建设,不仅不符合我国目前的经济发展现实,也与国际的通行做法不相适应,而大力发展"海洋特别保

---

① 中华人民共和国国务院. 中华人民共和国自然保护区条例[EB/OL]. [2011 - 07 - 15]. http://www. gov. cn/ziliao/flfg/2005-09/27/content_70636. htm.

② 《海洋特别保护区管理办法》第13条:沿海省、自治区、直辖市近岸海域内国家级海洋特别保护区的建立由沿海省、自治区、直辖市人民政府海洋行政主管部门提出申请,经沿海同级人民政府同意后,报国家海洋局批准设立。

护区"才是一条兼顾环境保护和经济发展的有效途径,应在需要保护的区域大力推广。若先前设立的"海洋自然保护区"与当地的经济发展发生了严重的空间冲突,就像厦门目前这样,则应按照本书所建议之"先申请撤销海洋自然保护区,再申请设立海洋特别保护区,而后进行非封闭式管理"的方式进行解决。

6.2 申请识别及指定台湾浅滩为 PSSA 的设想

6.2.1 台湾浅滩概况

位于南海和东海之间的台湾海峡尽管其大部分海域水深都在 60 米左右,但仍然不影响其具海底地形多变的特征。[①] 台湾浅滩位于台湾海峡南部,为世界知名的海底大浅滩之一,若以水深 30 米作为其边界,则水下是沙波地貌和砂粒的活跃区,其面积为 1.55×10^4 km^2;若以水深 40 米计,则其面积扩展可达 2.7×10^4 km^2,东面与澎湖列岛相连,西接闽南漳浦沿海区的礼士列岛和粤东的南澎列岛。[②] 目前较为通行的是以水深 30 米作为台湾浅滩的边界(见图 6-5),本书也以此为基础展开后续的讨论。

在一万多年前的"玉木冰期"时期,台湾和大陆是相连的,台湾海峡在当时是陆地。那时台湾浅滩的东部位于海岸带,是当时的海滩地区。到了冰期之后,海平面上升,淹没了台湾海峡,

---

① Jianyu Hu, Hiroshi Kawamura, Chunyan Li, Huasheng Hong, Yuwu Jiang. Review on current and seawater volume transport through the Taiwan Strait [J]. Journal of Oceanography, 2010,66:591-610.

② 石谦,张君元,蔡爱智.台湾浅滩——巨大的砂资源库[J].自然资源学报,2009,24(3):507-513.

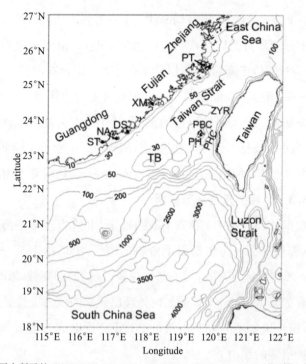

注:图中所示的 TB,PT,XM,DS,NA,ST,ZYR,PBC,PH,PHC 分别指:台湾浅滩,平潭,厦门,东山,南澳,汕头,彰云隆起,澎北水道,澎湖列岛,澎湖水道。

图 6-5　台湾浅滩地理位置图

资料来源:Jianyu Hu, Hiroshi Kawamura, Chunyan Li, Huasheng Hong, Yuwu Jiang. Review on current and seawater volume transport through the Taiwan Strait [J]. Journal of Oceanography, 2010,66:591-610.

也淹没了原是海滩的台湾浅滩。除了海平面上升的因素,台湾浅滩的形成因素主要还有:①台湾浅滩东部在地质构造上位于隆起区,基岩出露较高;②台湾浅滩位于台湾海峡南口,潮流作用促使海峡的大量泥沙堆积在峡口或浅滩。[①]

　　台湾浅滩由粗砂、细砂和少许砾石组成。沙砾表面较圆滑,反映经历了长期的研磨作用。台湾浅滩遍布水下沙丘,沙丘之间

―――――――――

　　① 百度百科. 台湾浅滩[EB/OL]. [2011-07-16]. http://baike. baidu. com/view/720052. htm.

往往有平缓而开阔的洼地,局部沙丘上有基岩露出。台湾浅滩的沙砾中有较多贝壳碎片,西部浅滩偶有泥沙。由于在地质构造上,台湾浅滩位于隆起区,所以北部有几处出露岩石,西南部也有岩石出露,有多种珊瑚附着生长。由此可见台湾浅滩并不平坦,地形较复杂。强大而较恒定的黑潮,其主流由台湾岛东侧向北流,但有小分支通过巴士海峡进入台湾浅滩。冬季沿岸较低温的水流也经台湾海峡南下,两股冷暖水流正好在台湾浅滩上相遇。[①]

6.2.2 相关重要环节分析

根据《PSSA 指南》第 7.4 条的规定,申请指定某一海域为 PSSA 需要提交一份包括以下资料的摘要:申请指定某一海域为 PSSA 的目标,申请海域的具体位置,保护的必要性,APM 以及现有的或申报的 APM 能如何处理已识别的该海域脆弱性。[②] 此外,该份摘要还应说明申报的 APM 之所以成为申请海域首选保护措施的缘由。[③]

尤为重要的是,在《PSSA 指南》的第 7.5 条规定了每份申请都必须由两个部分组成:①申请海域及其脆弱性的描述和重要性(description, significance of the area and vulnerability);②恰当的 APM 及其被 IMO 批准或采纳的能力分析(appropriate associated protective measures and IMO's competence to approve or adopt such measures)。[④] 本节的讨论将围绕这两个部分

---

① 百度百科. 台湾浅滩[EB/OL]. [2011 - 07 - 16]. http://baike. baidu. com/view/720052. htm.

② IMO. Revised guidelines for the identification and designation of particularly sensitive sea areas (Resolution A. 982(24)) [Z]. para. 7. 4.

③ IMO. Revised guidelines for the identification and designation of particularly sensitive sea areas (Resolution A. 982(24)) [Z]. para. 7. 4.

④ IMO. Revised guidelines for the identification and designation of particularly sensitive sea areas (Resolution A. 982(24)) [Z]. para. 7. 5.

展开。

6.2.2.1 台湾浅滩及其脆弱性的描述和重要性

6.2.2.1.1 描述

根据《PSSA 指南》第 7.5.1.1 条的规定,该部分主要是描述申请区域的位置及所采取的 APM。[①] 如前所述,台湾浅滩海域位于台湾海峡南部,并以水深 30 米作为台湾浅滩海域的边界(见图 6-5)。APM 则采用避航区(area to be avoided)、分道通航制(traffic separation scheme)、警戒区(precautionary area)及限制排污(discharge restriction),有关 APM 的详细论述将在第 6.2.2.2 节中展开。

6.2.2.1.2 重要性

根据《PSSA 指南》第 4.4 条的要求,欲识别某一海域成为 PSSA 必须具备以下三类标准中的至少一类:①生态学标准(ecological criteria);②社会、文化和经济标准(social, cultural and economic criteria);③科学和教育标准(scientific and educational criteria)。[②] 这三类标准又可细分为共计 17 项的亚类标准,而对于申请海域重要性的阐述,根据《PSSA 指南》第 7.5.1.2 条的规定,即为考察申请海域与这三类标准的符合程度。[③] 根据笔者目前所掌握的资料,台湾浅滩至少符合以下所列的 PSSA 识别标准。

---

① IMO. Revised guidelines for the identification and designation of particularly sensitive sea areas (Resolution A. 982(24)) [Z]. para. 7.5.1.1.

② IMO. Revised guidelines for the identification and designation of particularly sensitive sea areas (Resolution A. 982(24)) [Z]. para. 4.4.

③ IMO. Revised guidelines for the identification and designation of particularly sensitive sea areas (Resolution A. 982(24)) [Z]. para. 7.5.1.2.

1) 生态学标准(ecological criteria)

(1) 重要生境(critical habitat)——台湾浅滩对于周边海域渔业资源的存续、发展和修复具有极为重要的意义,这主要是因为①台湾浅滩上砂丘起伏,所以贝类丰富;②它又偶有基岩出露,故适于珊瑚的大量生长,也有利于鱼类栖息;③由于其水深较浅,大部分浅于20米,即在透光带内,藻类植物很丰富;④此外,如上所述,在冬季台湾浅滩还是冷暖水流的交汇区,这也为鱼类带来了极为丰富的食料和营养物质;⑤东海、南海交汇的独特海流,温和的亚热带气候,孕育了台湾浅滩丰富的海洋生物资源,成就了"闽南—台湾浅滩"中心渔场。①

(2) 依赖性(dependency)——台湾浅滩生境中的生态过程高度依赖于珊瑚礁、海藻及海草等生物结构系统,台湾浅滩之所以能拥有如此丰富的渔业资源,除了上述海流方面的因素外,在很大程度上便是依赖于其间存在的大量珊瑚礁,以及由于其水深较浅所致的海藻及海草等生物的繁茂。

(3) 代表性(representativeness)——台湾浅滩的地文特征极具代表性,广布于台湾浅滩的海底蚀余玄武岩丘和低海面时形成的海滩岩是台湾浅滩存在的地质基础,它们阻挡了强大的潮流和波流的冲刷,对台湾浅滩中存在的海砂起到了保护作用,浅滩区海底砂波、砂丘砂的强烈运动及其地貌形态的多变受控于流速大于1 m/s的海流和大风造成的巨浪的共同作用,使得台湾浅滩的海砂具有粒级粗、水浅和数量大

① 百度百科. 台湾浅滩[EB/OL]. [2011 - 07 - 16]. http://baike. baidu. com/view/720052. htm.

的特点。[①]

　　(4) 多样性(diversity)——台湾浅滩是我国著名的渔场之一,台湾浅滩的渔产丰富种类繁多,有鲣、黑鲳、龙虾、精螺鲍、海菜、斑节虾、草虾、石斑、海胆、九孔、鳗、黑珍珠贝、文蛤、嘉腊、石花、鲷鱼、鲢鱼、乌贼等。[②]

　　(5) 生产力(productivity)——由于黑潮[③]的缘故,台湾浅滩海域存在着上升流,使得台湾浅滩具有很高的自然生物生产力,根据已有的研究,台湾浅滩渔场初级生产力范围为 53—1 750 mg/(m² · d),平均为 428.10 mg/(m² · d),最高值在春季[1 750 mg/(m² · d)],最低值在冬季[53 mg/(m² · d)],年初级生产力为 156.25 g/(m² · a)。[④] 台湾浅滩渔场初级生产力年平均值和年初级生产力均位列福建海区各渔场之首,情况详见表 6-1,福建海区各渔场季度的初级生产力平均值详见表 6-2,此外,"闽南—台湾浅滩"渔场的鱼类、甲壳类以及头足类的月

---

　　① 石谦,张君元,蔡爱智. 台湾浅滩——巨大的砂资源库[J]. 自然资源学报,2009,24(3):507-513.

　　② 百度百科. 台湾浅滩[EB/OL]. [2011-07-16]. http://baike.baidu.com/view/720052.htm.

　　③ "黑潮"是台湾附近最重要的海流,也是北太平洋最强劲的海流,它的主流源自菲律宾东北部海域,也就是太平洋北赤道暖流的分支。"黑潮"的主流沿着台湾东岸北上,在台湾东北方外海,受到东西走向的宜兰海脊阻挡,分成两条支流。其中一条支流向东偏转后,沿着琉球岛弧外缘北上;另一支流则越过宜兰海脊,继续沿着台湾东北海岸向北流去,直到遭遇东西走向的东海陆棚边缘,受此地形阻挡再分为两条支流,主支流沿着陆棚向东流,再转向北流,直至日本南方,另一支流则偏转到西北方向,沿着北棉花峡谷入侵东海陆棚。参见戴昌凤. 台湾的海洋[M]. 台北:远足文化事业股份有限公司,2003:57.

　　④ 戴天元. 福建海区渔业资源生态容量和海洋捕捞业管理研究[M]. 北京:科学出版社,2004:11.

平均生物量和月平均密度也都处于福建各渔场之首。①

表6-1　台湾浅滩渔场的初级生产力情况统计表

项　目	春季	夏季	秋季	冬季	年合计
测站数/个	10	17	10	12	49
初级生产力范围/[mg/(m² · d)]	70—1 750	222—1 370	117—1 100	53—445	53—1 750
平均值/[mg/(m² · d)]	569.52	457.87	540.51	144.40	428.08
年初级生产力/[g/(m² · a)]	51.97	41.78	49.32	13.18	156.25

资料来源:戴天元.福建海区渔业资源生态容量和海洋捕捞业管理研究[M].北京:科学出版社,2004.第11页.

表6-2　福建海区各渔场季度的初级生产力平均值统计表

渔场	春季/[mg/(m² · d)]	夏季/[mg/(m² · d)]	秋季/[mg/(m² · d)]	冬季/[mg/(m² · d)]	年平均值/[mg/(m² · d)]	年初级生产力/[g/(m² · a)]
闽东	429.51	402.80	284.70	192.87	327.47	119.52
闽中	404.86	415.90	561.37	49.57	357.93	130.64

---

①　按福建海区渔场划分,a.鱼类的月平均生物量呈现"闽南—台湾浅滩"渔场(20.308 kg)＞闽中渔场(12.198 kg)＞闽东渔场(12.124 kg)的趋势;而月平均密度则呈现"闽南—台湾浅滩"渔场(1 619尾)＞闽东渔场(550尾)＞闽中渔场(331尾)的趋势。b.甲壳类的月平均生物量呈现"闽南—台湾浅滩"渔场(5.517 kg)＞闽中渔场(2.948 kg)＞闽东渔场(2.731 kg)的趋势;而月平均密度则呈现"闽南—台湾浅滩"渔场(506尾)＞闽东渔场(448尾)＞闽中渔场(401尾)的趋势。c.头足类的月平均生物量趋势也相似,"闽南—台湾浅滩"渔场(5.900 kg)＞闽中渔场(1.073 kg)＞闽东渔场(0.737 kg);月平均密度则呈现"闽南—台湾浅滩"渔场(198尾)＞闽东渔场(42尾)＞闽中渔场(41尾)的趋势。参见戴天元.福建海区渔业资源生态容量和海洋捕捞业管理研究[M].北京:科学出版社,2004:123.

续 表

渔场	春季 /[mg/ (m²·d)]	夏季 /[mg/ (m²·d)]	秋季 /[mg/ (m²·d)]	冬季 /[mg/ (m²·d)]	年平均值 /[mg/ (m²·d)]	年初级生 产力/[g/ (m²·a)]
台北	442.41	368.20	372.58	312.41	373.90	136.47
闽南	292.33	508.01	288.24	53.96	285.63	104.26
台湾 浅滩	569.52	457.87	540.51	144.40	428.08	156.25
平均	418.90	430.61	381.27	153.39	346.04	126.31

资料来源:戴天元.福建海区渔业资源生态容量和海洋捕捞业管理研究[M].北京:科学出版社,2004.第 11 页.

(6) 产卵区或繁殖地(spawning or breeding grounds)——台湾浅滩是黑潮高温、外海高盐与沿岸水及大陆径流的交汇混合区域,具备了海洋生物繁殖、生长及栖息的各种有利因素。台湾浅滩多处在上升流区,上升流的涌升运动使富含营养盐的低温高盐底层水涌升到表层,为该海域带来了大量的有机物和营养盐,促进了饵料生物的大量繁殖。同时,上升流的动力作用使得该海域形成了各种海洋锋面,具有聚集大量营养物质和饵料浮游生物的作用,有利于鱼类索饵、生殖洄游和栖息集群而形成中心渔场,有聚群和混群共栖性,以及种间快速更替等特点。[①]

(7) 完整性(integrity)——台湾浅滩由于其上述独特的地质和水文特征,以及丰富的生物多样性,使得其自身成为了一个

————————————

① 林祥裕,欧红丽.汕头—台湾浅滩生态系统渔业资源生产量及最大持续产量评估[J].汕头科技,2006,(3):40-43.

有效的并且能自我维持的生态实体。

（8）脆弱性（fragility）——如上所说，由于台湾海峡存在商船与渔船活动空间未能有效控制与分隔，北上和南下交通流对遇的冲突明显且范围广，频发大浪和大雾，航迹交叉现象分布广，以及大吨位船舶和危险船种的快速增加等原因，台湾浅滩不可避免的承受着潜在的巨大风险。

2）社会、文化和经济标准（social，cultural and economic criteria）

（1）社会或经济依赖性（social or economic dependency）——①台湾浅滩的渔业资源对于福建、台湾以及广东来讲，都是极为重要的，而且由于其所具有的极强的繁殖性，对于整个我国沿海渔业资源的恢复都大有助益；②此外，根据已有的研究，若台湾浅滩的砂层厚度以平均 5 米计算，则总砂量将达数百亿立方米之巨，如此庞大的浅滩砂可满足海峡两岸未来 100 年以上的建筑用砂需求，而浅滩砂中所含的钛等稀有金属，若其富集量达到一定规模，则可成为工业用海底砂矿，在将来开采时顺便选矿回收，将会产生更大的经济效益。①

（2）民众依赖性（human dependency）——台湾浅滩是两岸民众的传统捕鱼作业场所，对于维持两岸相关民众的传统生计具有特别的重要意义。

3）科学和教育标准（scientific and educational criteria）

（1）研究价值（research）——虽然截至目前，已有一些研究

---

① 石谦，张君元，蔡爱智. 台湾浅滩——巨大的砂资源库[J]. 自然资源学报，2009,24(3):507-513.

者对台湾浅滩开展了一些基础性研究[①-⑪]，但是总体而言，还无法真正准确定量并且系统地描绘台湾浅滩的各项海洋环境及资源特征，而就目前的研究成果可以推知，台湾浅滩在海洋环境保护，海洋生物保育及生态系统修复等方面均具有极高的研究价值，并且海峡两岸的专家学者可以通过共同开展台湾浅滩的研究项目，取长补短，为两岸后续的共同管理奠定坚实的科学基础。

① Jianyu Hu, Hiroshi Kawamura, Chunyan Li, Huasheng Hong, Yuwu Jiang. Review on current and seawater volume transport through the Taiwan Strait [J]. Journal of Oceanography, 2010, 66: 591 - 610.

② CAI Aizhi, ZHU Xiaoning, LI Yuanmi, CAI Yuee. Sedimentary environment in Taiwan Shoal [J]. CHIN. J. OCEANOL. LIMNOL., 1992, 10(4): 331 - 339.

③ WANG Xian, LI Wenquan. Study on photosynthetic parameters and primary production of marine phytoplankton in Minnan - Taiwan Shoal [J]. CHIN. J. OCEANOL. LIMNOL., 1994, 12(1): 91 - 96.

④ Niino H, Emery O K. The sediment of shallow portion of East China Sea and South China Sea [J]. Geol. Soc. Amer. Bull., 1961, 75(5): 731 - 762.

⑤ 石谦, 张君元, 蔡爱智. 台湾浅滩——巨大的砂资源库[J]. 自然资源学报, 2009, 24(3): 507 - 513.

⑥ 林祥裕, 欧红丽. 汕头—台湾浅滩生态系统渔业资源生产量及最大持续产量评估[J]. 汕头科技, 2006, (3): 40 - 43.

⑦ 蔡少炼, 林祥裕. 汕头—台湾浅滩渔场的现状及展望[J]. 汕头科技, 2003, (2): 19 - 22.

⑧ 林祥裕. 汕头—台湾浅滩渔场渔业生态环境及渔业资源现状[J]. 汕头科技, 2007, (2): 29 - 32.

⑨ 戴天元. 福建海区渔业资源生态容量和海洋捕捞业管理研究[M]. 北京: 科学出版社, 2004. 第 11 页.

⑩ 陈丽蓉, 徐文强, 申顺喜. 闽南台湾浅滩大陆架重矿物组合及其分布特征[A]. 黄东海地质[M]. 北京: 科学出版社, 1982: 98 - 104.

⑪ 张君元. 台湾海峡及邻域的地形和沉积特征的初步研究[J]. 海洋科学集刊, 1989, (30): 1 - 17.

（2）教育价值（education）——如前所述，台湾浅滩是黑潮高温、外海高盐与沿岸水及大陆径流的交汇混合区域，且多处在上升流区，这就为展示这一特殊自然现象提供了绝佳的教育机会，对于相关的教学科研人员具有极高的教育价值。

综上所述，在《PSSA 指南》要求的识别 PSSA 时需考察的17 项标准中，台湾浅滩至少满足了其中的 12 项，而实际上，根据《PSSA 指南》的规定，只要满足其中的 1 项，便有资格被识别为 PSSA，[①]所以台湾浅滩具备被识别为 PSSA 的现实可行性。

6.2.2.1.3　国际海运活动造成的脆弱性

根据《PSSA 指南》第 7.5.1.3 条的规定，阐述由国际海运活动造成的申请海域脆弱性应参照《PSSA 指南》第 5 节中所列的各项因素，即：①船舶交通特性（vessel traffic characteristics）——操作因素、船舶类型、交通特性、运载的有害物质；②自然因素（natural factors）——水文地理学因素、气象学因素、海洋学因素。[②] 此外，还应描述造成或可能造成申请海域环境损害的现有的或将来的国际海运活动。[③] 在对台湾浅滩海域进行该项考察之前，有必要对台湾浅滩所处的台湾海峡的整体海运状况作一阐述。

台湾海峡位于我国大陆东海岸与台湾岛西海岸之间，呈东北至西南走向，是我国南北运输的主通道，也是"远东—东南亚"国际航线的必经之路，有着重要的经济和战略地位。[④] 台湾海

---

① IMO. Revised guidelines for the identification and designation of particularly sensitive sea areas (Resolution A. 982(24)) [Z]. para. 4. 4.

② Ibid. para. 7. 5. 1. 3.

③ Ibid. para. 7. 5. 1. 3.

④ 李杰,赵亚兴. 台湾海峡船舶交通管理系统的主要功能与特点 [J]. 航海技术,2009,(5):37 - 39.

峡北界为台湾北端的富贵角与福建平潭岛的东库岛连线,南
界为台湾的南端鹅銮鼻与广东省的南澳岛连线,南北长约
200 海里,东西宽为 70—110 海里,最窄处为福建的平潭岛
与台湾的白沙岬之间,宽约 70 海里。①

　　随着海峡两岸直航的进一步发展,横越海峡的船舶也日渐
增加。同时,海峡内有闽中、"闽南—台湾浅滩"渔场,海峡北面
还有闽东渔场,且渔船数量不断增多,因此台湾海峡商船、渔船
交通流纵横交错,通航环境和秩序不断恶化,使得发生海事的概
率也随之上升。此外,台湾海峡春季多雾,夏季多台风,秋冬季
风、浪、涌大,流况复杂,渔汛期渔船云集,已成为船舶交通事故
的高发区。② 近年来,台湾海峡内海损事故件数,沉船艘数,死
亡和失踪人数基本呈上升趋势。台湾海峡海事的多发,给人
命财产安全带来巨大损失,给海洋环境造成重大污染损害。③

　　事故调查分析表明,自发、无序的船舶交通已成为台湾海峡
船舶交通事故的隐患,根据已有的观测和研究结果,海峡船舶航
行风险主要表现如下。④

　　(1) 由于台湾海峡包括了闽中渔场和"闽南—台湾浅滩"渔
场,有大量的渔船作业,商船与渔船活动空间未能有效控制与分

---

① 高岩松. 台湾海峡船舶交通流的调查与分析[J]. 中国航海,2005,
(3):37－40,61.

② 翁跃宗,张寿桂. 台湾海峡主航道船舶定线的研究[J]. 中国航海,
2006,(2):59－63.

③ 黄志,翁跃宗. 台湾海峡船舶交通安全的综合评价[J]. 中国航海,
2005,(4):56－60.

④ 同上;翁跃宗,张寿桂. 台湾海峡主航道船舶定线的研究[J]. 中国
航海,2006,(2):59－63;高岩松. 台湾海峡船舶交通流的调查与分析[J].
中国航海,2005,(3):37－40,61;陈威,陈峰. 减少两岸直航船舶通航风险
的对策研究[J]. 中国水运,2010,10(6):22－23.

隔,导致商船与渔船间的碰撞时常发生,年均碰撞事故约16起,且绝大多数是发生在距岸较近的渔船密集的海域。

(2)虽然台湾海峡可航水域宽阔,交通量相对不大,但宽阔而无序的交通流,增大了船舶间的会遇率,北上和南下交通流对遇的冲突明显且范围广,使碰撞事故成为主要事故种类。

(3)海峡的风浪和大雾增大了船舶航行的困难度和危险性,加大了夜航或雾航的困难度,使夜间与能见度不良时段成为船舶交通事故的高发期,据统计,49.0%的船舶交通事故与雾有关,其中雾航碰撞事故占碰撞事故数64.6%。

(4)航迹交叉现象分布广,突出的交汇点位于牛山岛、厦门港和南澳岛附近水域,此外,在乌丘屿至兄弟屿之间,宽阔水域范围内航迹交叉分布广。

(5)交通量的快速增加,特别是大吨位船舶、危险船种的快速增加,迅速增大了该水域的交通危险程度。

除了上述的五项海运风险之外,实际上,日本九家电力公司发电后产生的高强度核辐射废料(high level radioactive waste)在运往英国、法国进行重炼的往返航线,也都"可能"会经过台湾海峡。[①] 此种情况的存在,使得包括台湾浅滩在内的整个台湾海

_____

① 日本一直以本土资源有限、必须充分利用核能为由,对核电站用过的核废料(spent nuclear fuel,也称"乏燃料")进行后处理,以便从中提取可供使用的钚。为此,日本分别与法国和英国的国有核燃料后处理工厂(即法国的Cogema工厂和英国的British Nuclear Fuel Ltd.)签订合同,对其核废料进行后处理。近三十年来,已经有几百吨的核废料从日本经海路运送到欧洲进行后处理,而从中提取的钚及经固化处理后的残留废液(固化核废物,Vitrified High-level Waste)又由海路运回日本。参见赵亚娟. 对日本秘密海运极端危险核物质的法律思考[J]. 中国海洋法学评论,2005,(1):105-116;傅崐成. 海洋法专题研究[M]. 厦门:厦门大学出版社,2004:368.

峡都要承受潜在的受高强度核辐射废料污染的巨大风险。

在此背景之下,本书结合上述《PSSA 指南》第 7.5.1.3 条的规定,根据《PSSA 指南》第 5 条中所列的各项因素对台湾浅滩海域进行相应的考察。

1) 船舶交通特性(vessel traffic characteristics)

(1) 操作因素(operational factors)——本项指标主要是考察海事活动类型会否影响申请海域的航行安全。①由于台湾浅滩是两岸人民的传统渔场,所以各类捕鱼船的捕鱼活动,游艇的休闲垂钓活动等均在海域内十分频繁密集;②由于台湾浅滩蕴藏着巨大的砂资源,不排除在将来可能有众多的采砂船在此作业;③台湾浅滩位于台湾海峡的南端开口处,各类船舶的过境通行活动亦络绎不绝,而这些不同种类的频繁密集连续的海事活动足以因其不同的活动特性而存在互相冲突的风险,实际上大大降低了台湾浅滩海域的船舶航行安全性。

(2) 船舶类型(vessel types)——本项指标主要是考察过境通行船舶的种类。如前所述,由于在台湾海峡航行是我国南北运输的主通道,也是"远东—东南亚"国际航线的必经之路,所以通过台湾浅滩海域的船舶种类繁多,包括各类渔船、游艇、油轮、货轮及客轮等,繁杂的船舶类型使得台湾浅滩内的交通流趋于复杂,不利于区内的航行安全。

(3) 交通特性(traffic characteristics)——本项指标主要是考察可能导致碰撞或搁浅的各项交通特性。①由于台湾浅滩是传统的渔场,所以其区域内存在大量的作业渔船,而两岸在台湾海峡内未能对非渔船舶与渔船实行有效的空间上的控制与分隔,故而非渔船舶与渔船间的碰撞时常发生;②台湾浅滩海域亦存在明显且范围广的北上和南下交通流对遇的冲突;③由于台湾浅滩海域的水深较浅,吃水较深的船舶极易在此搁浅。

(4) 运载的有害物质(harmful substances carried)——本项指标主要是考察航行船舶上是否运载有害物质及其种类和数量,由于目前尚无文献专门就台湾浅滩海域的此事项进行定量统计,所以无法给出确切的有害物质类别和数量,但由于上述台湾海峡船舶航行风险的存在,本书认为在台湾浅滩海域亦同样存在船舶运载有害物质的情况,尤其是各种油类及核辐射物质。

2) 自然因素(natural factors)

(1) 水文地理学因素(hydrographical)——如前所述,台湾浅滩以水深 30 米为界,台湾浅滩的水深较浅,尤其在其东部,水深浅于 20 米,最浅处只有 8.6 米,[①]且水深变化极不规则,若吃水较深的船舶从其间通过,则会存在极大的搁浅风险。

(2) 气象学因素(meteorological)——风浪和雾是影响台湾海峡船舶航行安全的主要气象因素。①气象统计资料表明,台湾海峡是我国的第一大风区,一年中超过 6 级风力的天数为 160 天,而且受季风影响较为明显,每年 11 月至次年 2 月东北季风最强,6、7 月西南风最盛,7—9 月为台风多发期;②台湾海峡平均雾日多在 12—35 天,主要发生在冬末至春季,其中东岸以 1—3 月出现雾日最多,占全年雾日的 40%—50%,西岸以 3—5 月出现雾日最多,占全年雾日的 55%—75%[②③],这些气象

---

① 百度百科.台湾浅滩[EB/OL].[2011-07-18].http://baike.baidu.com/view/720052.htm.

② 陈威,陈峰.减少两岸直航船舶通航风险的对策研究[J].中国水运,2010,10(6):22-23.

③ 黄志,翁跃宗.台湾海峡船舶交通安全的综合评价[J].中国航海,2005,(4):56-60.

情况严重影响着台湾浅滩海域的通航安全。

(3)海洋学因素(oceanographic)——台湾海峡为风浪较大的海域,被称为是"无风三尺浪"。①其涌浪多于风浪,以4级浪最多,占全部海浪42%,5级浪占28%,大于5级的占8%;②东北季风季节,以东北—北向浪为主,西南季风季节以西南—南向浪为主,在冬季寒潮和夏季热带气旋影响下,可形成8—9级浪;③台湾海峡的海流为北上的黑潮西分支和南海流及南下的浙闽沿岸流所控制,并受季风影响,澎湖列岛和台湾浅滩附近的海水流速较大,东南部海水流速可达3.5节,①很明显地,大浪和较大的海水流速对于台湾浅滩海域的航行安全亦构成了威胁。

3)国际海运活动(international shipping activities)

由于台湾海峡是"远东—东南亚"国际海运航线的必经之路,所以由此产生的国际海运活动十分的频繁。以福建省为例,近几年,随着福建省进口原油量不断增加,油轮吨位也不断增大,危险品船舶亦不断增多。1993年我国成为石油净进口国以来,通过台湾海峡的油轮和石油运输量大大增加,湄洲湾原油运输以10万—30万吨油轮为主,厦门湾成品油运输以3万—6万吨船舶为主,外贸进口LNG的运输将以13.5万立方米(10万总吨)的大型LNG船舶为主,②加上其他地区对于途经台湾海峡的海运需求,使得台湾海峡水域已成为我国沿海船舶溢油事

---

① 百度百科.台湾海峡[EB/OL].[2011-07-18].http://baike.baidu.com/view/15923.htm#3.

② 陈威,陈峰.减少两岸直航船舶通航风险的对策研究[J].中国水运,2010,10(6):22-23.

故的四大高风险区之一，①台湾浅滩当然也承受着相应的风险。更为严重的是，前面所述的运载核辐射物质船舶的问题，一旦在台湾浅滩遭遇恶劣海况而发生搁浅或撞船事件，将会给台湾浅滩乃至整个台湾海峡带来不可逆转的生态环境灾难。

综上所述，国际海运活动使得台湾浅滩具有了明显的脆弱性，这完全符合《PSSA 指南》第 7.5.1.3 条关于国际海运活动造成申请海域脆弱性方面的规定，因而将台湾海峡申请成为 PSSA 是十分必要的。

6.2.2.2 APM 及其被批准或采纳的能力分析

根据《指南》第 7.5.2 条的规定，在申请中应识别拟采取的 APM，并需对 APM 所适用的船舶种类加以明确，且还应描述 APM 如何为受到国际海运活动威胁的申请海域提供足够的保护。② 对于 IMO 批准或采纳相关保护措施的能力分析主要有两条衡量标准：①APM 是如何保护申请海域规避已识别出的海域脆弱性的；②IMO 是否有权批准或采纳该 APM。

本书认为，台湾浅滩的 APM 应为设定避航区、分道通航制、警戒区及限制排污：①设定台湾浅滩为避航区并不意味着所有船舶在台湾浅滩海域都不得通行，此处提及设定的避航区仅适用于油轮、核动力船舶，载运核物质、核材料或其他本质上危

---

① 根据交通部海事局综合研究评估认定：渤海湾、长江口、台湾海峡和珠江口水域，是我国沿海四大船舶重大溢油污染事故高风险水域。参见中国交通报.让洁净的海洋为经济发展提供完美服务——我国海上船舶溢油应急反应工作综述[EB/OL].［2011－07－18］. http://www. moc. gov. cn/2006/jiaotongjj/zhiboting/soujiuyanxi ＿ 07SX/xiangguanlianjie/200709/t20070919_395661. htm.

② IMO. Revised guidelines for the identification and designation of particularly sensitive sea areas (Resolution A. 982(24))［Z］. para. 7.5.2.

险、有毒物质或材料的船舶，以及吃水较深存在在台湾浅滩海域搁浅风险的船舶；②分道通航制、警戒区和限制排污适用对象均为所有在台湾浅滩通航的船舶。

本书之所以建议台湾浅滩的 APM 应为设定避航区、分道通航制、警戒区及限制排污，正是基于本书在第 6.2.2.1.3 节中所识别出的国际海运活动使台湾浅滩所具有的脆弱性。

（1）避航区（area to be avoided）是包含一个规定界限的区域，在此区域内，航行特别危险或对避免造成事故异常重要，所有船舶或特定类型船舶避免进入该区域的一种定线措施。① 油轮、核动力船舶，载运核物质或核材料或其他本质上危险或有毒物质或材料的船舶，以及吃水较深存在在台湾浅滩海域搁浅风险的船舶，要么本身就运载使台湾浅滩具有脆弱性的有害物质，要么本身就能使得台湾浅滩具有脆弱性，所以这些船舶对于台湾浅滩海域而言，具有明显的危险性。然而，台湾浅滩在本书第6.2.2.1.3 节中所识别出的其他脆弱性，又能相互产生叠加效应，无形中大大提高了这些有害物质对于台湾浅滩海域的危险性。鉴于此，将台湾浅滩海域设定为适用上述此类船舶的避航区，便能最大限度防止、减少和控制此类船舶所造成的海域脆弱性。

（2）分道通航制（traffic separation scheme）是通过适当方法和建立通航分道以分隔反向交通流的一种定线措施。② 分道通航制中的通航分道是指一个在规定界限范围内，只限单向通

---

① 国际海事组织. 中华人民共和国海事局译. 船舶定线制和报告制[M]. 大连：大连海事大学出版社，2003：7.

② 国际海事组织. 中华人民共和国海事局译. 船舶定线制和报告制[M]. 大连：大连海事大学出版社，2003：5.

航的水域、自然障碍物,包括那些组成分隔带①的,可作为通航分道的一条边界线。② 如前所述,台湾浅滩海域存在明显且范围广的北上和南下反向交通流对遇的冲突,而实施分道通航制正是解决这一冲突的最佳方法。分道通航的分段宜短不宜长,且应尽量减少航向的改变,尤其避免在接近汇聚区和航路连接处或预期出现大量横越通航的区域作航向的改变,这样才能最有效地将相反方向的船舶交通流分隔以减少对遇情况的发生。

(3) 警戒区(precautionary area)是包含一个规定界限的区域。在此区域内,船舶必须特别谨慎航行,并且可能有建议的交通流向的一种定线措施。③ 如前所述,台湾浅滩是两岸传统的渔场作业区,所以其区域内存在大量的渔船进行各种渔事活动,而台湾浅滩海域内仍有其他众多种类的船舶进行通航活动,这就使得非渔船舶时常与渔船在各处渔场作业区内发生碰撞。解决上述冲突的最佳途径就是在台湾浅滩中的习惯渔场作业设置警戒区,以引起在该区域航行船舶的注意。此外,还可对台湾浅滩中习惯航线的交汇区设置警戒区,也能有效避免船舶碰撞事故的发生。

(4) 限制排污(discharge restriction)主要是指限制任何类型和大小的船舶向台湾浅滩海域里排放任何石油、含油混合物、

---

① 分隔带或分隔线是指:分隔船舶反向或接近反向航行的通航分道,或分隔通航分道与相邻的海区,或分隔为同一航向的特定种类船舶而设定的通航分道的带或线。参见国际海事组织. 中华人民共和国海事局译. 船舶定线制和报告制[M]. 大连:大连海事大学出版社,2003:5.

② 国际海事组织. 中华人民共和国海事局译. 船舶定线制和报告制[M]. 大连:大连海事大学出版社,2003:5.

③ 国际海事组织. 中华人民共和国海事局译. 船舶定线制和报告制[M]. 大连:大连海事大学出版社,2003:7.

有毒液体、废物和有害物质，限制排放任何来自货船包括货物泵、汽油船、发动机底舱区域的混合了货物废物的石油和含油混合物。由于台湾浅滩在生态学，社会、文化和经济，科学和教育等方面均具有如本书第 6.2.2.1.2 节所述的重要价值，若在台湾浅滩通航的船舶均可随意排污的话，那势必严重影响台湾浅滩的海洋环境质量，所以限制排污正是解决国际海运活动造成台湾浅滩的海域脆弱性的最佳方法。此外，为了防止、减少和控制台湾浅滩海域内国际海运活动可能发生的突发性事故排污，本书认为应在台湾浅滩海域内布置一定数量的回收设施，以保护台湾浅滩海域免受此类污染。

从以上的分析可以看出，上述的四项 APM 能很好地保护台湾浅滩规避已识别出的海域脆弱性，而对于它们的法律依据，现阐述如下。

上述四项 APM 的前三项，即避航区、分道通航制和警戒区，实际上均为 IMO 所认可的船舶定线制。《PSSA 指南》的第 6.1.2 条也明确规定了符合 SOLAS 和 GPSR 的船舶定线制可以被采用作为特别敏感海域的相关保护措施，①这实际上指的就是 IMO 所认可的九类船舶定线制：分道通航制（traffic separation scheme）、双向航路（two-way route）、推荐航线（recommended track）、避航区（area to be avoided）、禁锚区（no anchoring area）、沿岸通航带（inshore traffic zone）、环形道（roundabout）、警戒区（precautionary area）和深水航路（deep-water route）。

---

① IMO. Revised guidelines for the identification and designation of particularly sensitive sea areas (Resolution A. 982(24)) [Z]. para. 6. 1. 2.

1974 年 SOLAS 已授权 IMO 为在国际层面上唯一有权设立和采纳定线措施的机构,并且 1972 年 COLREGS 的第 10 条也是为分道通航制的采纳提供了特定的法律支持。此外,GPSR 也为国际海事组织设立和采纳定线制的能力进行了补充。① 虽然将船舶定线制用于保护海洋环境已有许多年的实践,但 IMO 认可将其明确作为保护海洋环境的工具,也只是近十年的事情,这在很大程度上得益于 PSSA 概念的发展。② IMO 通过的第 A.720(17) 号决议[Resolution A.720(17)]也要求 MSC 将 PSSA 的内涵纳入 GPSR 的相关条款,③这意味着可以完全出于海洋环境保护的目的来批准船舶定线制的申请。④ 这实际上也是重申了先前对于 NAV 修改 GPSR 来吸收环境考量作为制定船舶定线制根据之一的要求。

因此,从以上的分析不难看出,IMO 是有足够的能力来批准"避航区"、"分道通航制"和"警戒区"作为台湾浅滩 PSSA 的 APM 的。

---

① T. Ilstra. Maritime safety issues under the Law of the Sea Convention and their implementation [A]. In: A. H. Soons (ed) Proceedings of the 23rd Annual Conference of the Law of the Sea Institute [M]. Honolulu: The Law of the Sea Institute, 1989. p. 219.

② Julian Roberts. Marine environment protection and biodiversity conservation—the application and future development of the IMO's particularly sensitive sea area concept [M]. Berlin/ Heidelberg: Springer-Verlag, 2007. p. 120.

③ IMO. Guidelines for the designation of special areas and the identification of particularly sensitive sea areas [Resolution A. 720(17)] [Z]. Adopted on 6th November 1991. Para. 4.

④ K. M. Gjerde and D. Ong. Protection of particularly sensitive sea areas under international marine environmental law [J]. Marine Pollution Bulletin, 1993, 26: 9 - 13.

然而,"限制排污"这一 APM 的法律依据则来自 UNCLOS 的第 211 条第 6(a)款:"如果第 1 款①所指的国际规则和标准不足以适应特殊情况,又如果沿海国有合理根据认为其专属经济区某一明确划定的特定区域,因与其海洋学和生态条件有关的公认技术理由,以及该区域的利用或其资源的保护及其在航运上的特殊性质,要求采取防止来自船只的污染的特别强制性措施,该沿海国通过主管国际组织与任何其他有关国家进行适当协商后,可就该区域向该组织发通知,提出所依据的科学和技术证据,以及关于必要的回收设施的情报。该组织收到这种通知后应在十二个月内确定该区域的情况与上述要求是否相符。如果该组织确定是符合的,该沿海国即可对该区域制定防止、减少和控制来自船只的污染的法律和规章,实施通过主管国际组织使其适用于各特别区域的国际规则和标准或航行办法。在向该组织送发通知满十五个月后,这些法律和规章才可适用于外国船只。"②

上述条款中所指的"主管国际组织"实际上就是 IMO。由于台湾浅滩所在海域的法律性质为我国的专属经济区,③所以符合该条款适用的范围,从该条款可以看出两点:①只要符合该

---

①　UNCLOS 的第 211 条第 1 款:"各国应通过主管国际组织或一般外交会议采取行动,制订国际规则和标准,以防止、减少和控制船只对海洋环境的污染,并在适当情形下,以同样方式促进对划定航线制度的采用,以期尽量减少可能对海洋环境,包括对海岸造成污染和对沿海国的有关利益可能造成污染损害的意外事件的威胁。这种规则和标准应根据需要随时以同样的方式重新审查。"参见傅崐成. 海洋法相关公约及中英文索引[M]. 厦门:厦门大学出版社,2005:79.

②　傅崐成. 海洋法相关公约及中英文索引[M]. 厦门:厦门大学出版社,2005:80.

③　对于台湾浅滩海域法律性质的探讨,详见本书第 6.3.3 节。

条款中所列的要求,那沿海国在其专属经济区内便可以对各国船只实施"限制排污"等特别强制性措施;②IMO 有权对沿海国专属经济区内符合该条款要求的"限制排污"等特别强制性措施进行批准。这两点在《PSSA 指南》的第 6.1.1 条和第 7.5.2.3 (iii)条亦得到了再次确认。所以,IMO 是有足够的能力来批准"限制排污"作为台湾浅滩 PSSA 的 APM 的。

综上所述,本书所建议的台湾浅滩 PSSA 的 APM——避航区、分道通航制、警戒区及限制排污——是有足够的能力为 IMO 所批准的。

6.2.3 申请的 APM 的法律效力分析

如前文所述,本书建议台湾浅滩 PSSA 采用的 APM 为避航区、分道通航制、警戒区及限制排污,本节将围绕这四项 APM 的法律效力展开讨论。

作为重要的讨论基础,本书认为有必要先对台湾海峡水域的法律地位作一说明。根据我国著名海洋法学者傅崐成教授的观点,台湾海峡的水域可依其法律地位区分为下列五个部分:①

(1) 金门、马祖及其附近岛屿周边的水域——此部分水域因为福建海岸曲折多岛屿,而采用直线基线法划定基线,以致绝大部分皆位于中国之"内水"中,少部分邻接海峡一边的水域则为"领海",其外为"毗邻区";

(2) 台湾岛及澎湖群岛周边的水域——此部分水域为"领海",其外为"毗邻区";

(3) 澎湖群岛直线基线内以及嘉义外伞顶洲至台南七股一

---

① 傅崐成.海洋法专题研究[M].厦门:厦门大学出版社,2004:367.

带直线基线内的水域——此部分水域均为"内水";

　　(4) 在"澎湖群岛内水"与嘉义外伞顶洲至台南七股的"嘉南内水"(暂定名)之间的水域——因为两者相距约在 24 海里左右,若以直线基线相连接,则可将上述两块"内水"连成一块"内水",此一水域暂称之为"澎湖水道水域";

　　(5) 在大陆沿岸的"领海"与台湾、澎湖的"领海"之间的开阔水域——此一水域依照《1958 年日内瓦公海公约》原为"公海",现今依照 1982 年《联合国海洋法公约》则为中国之"专属经济区",其水面之下为中国之"大陆架"。

　　结合大陆和台湾公布的第一批领海基点(见图 6-6 和图 6-7),比照图 6-5 中所示台湾浅滩地理位置的经纬度,可以得知,台湾浅滩处于台湾海峡上述五个水域中的第五个,即台湾浅滩海域的法律性质为我国的"专属经济区"。

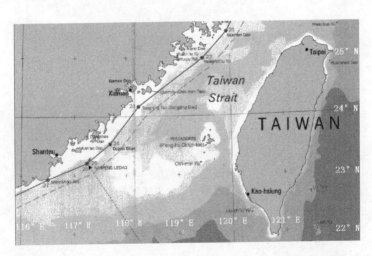

图 6-6　台湾浅滩附近海域大陆公布的第一批领海基点示意图

注:图中的虚线代表领海的外部界限。

资料来源:Office of Ocean Affairs, Bureau of Oceans and International Environmental and Scientific Affairs in the Department of State. Limits in the seas No. 117——straight baseline claim:China [Z]. Navigational Map.

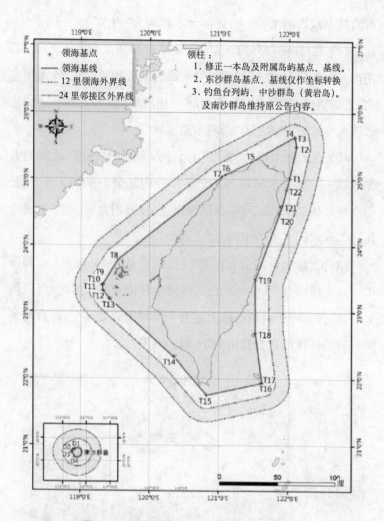

图 6‒7　台湾地区公布的第一批领海基线、
领海及毗邻区外界线简图

注:"毗邻区"即为图中所示的"邻接区"。
资料来源:台湾地区"行政院".台湾地区第一批领海基线、领海及邻接区外界
线[Z].第2页.

　　根据 UNCLOS 第 58 条第 1 款的规定,"航行自由"为各国
在沿海国专属经济区内的首要权利,并且此"航行自由"的程度
是与 UNCLOS 第 87 条"公海自由"中所载的"航行自由"的程

度相一致的,即没有附加任何限制的"航行自由"。实际上,对船舶的航行权利进行保障可以说是 UNCLOS 的核心思想之一,这在很多条款中均可得到验证。例如,UNCLOS 第 211 条第 4 款规定:"沿海国在其领海内行使主权,可制定法律和规章,以防止、减少和控制外国船只,包括行使无害通过权的船只对海洋的污染。按照第二部分第三节①的规定,这种法律和规章不应阻碍外国船只的无害通过。"②由此条款可以推知:在具有主权的领海内,沿海国都不得以防止、减少和控制外国船只对海洋的污染为由来阻碍外国船只的无害通过,那在仅具有主权权利的专属经济区内,沿海国就更无权以上述理由来阻碍外国船只的航行自由。

如本书第 6.2.2.2 节所述,避航区、分道通航制和警戒区,同属船舶定线制,而若在专属经济区中实施船舶定线制,则无疑在不同程度上与"航行自由"产生了冲突,尤其是"避航区"的设定,更是在其适用的船舶类型上,彻底违反了所有船舶在专属经济区均享有航行自由的规定。由于 UNCLOS 中并未提及避航区和警戒区,而有提及分道通航制,所以此处以分道通航制作为船舶定线制的代表,来考察其在 UNCLOS 中的适用范围。

UNCLOS 中明确提及适用分道通航制的地方有三处,分别是第 22 条"领海内的海道和分道通航制"、第 41 条"用于国际航行的海峡③内的海道和分道通航制"及第 53 条"群岛海道通过

---

① UNCLOS 的第二部分第三节为"领海的无害通过"。

② 傅崐成.海洋法相关公约及中英文索引[M].厦门:厦门大学出版社,2005:80.

③ 从 UNCLOS 的第 36 条可知,UNCLOS 中所规范的"用于国际航行的海峡"实际上指的是海峡宽度小于 24 海里,全部水域皆为沿海国领海的海峡。而由于台湾海峡的宽度远超 24 海里,所以尽管台湾海峡确实是用于国际航行的,但其并不是 UNCLOS 所定义的"用于国际航行的海峡"。

权"。这三处所涉及的海域实际上有一共通之处,就是均为沿海国享有主权的海域。这就意味着,虽然设立分道通航制的主要目的是为了保障航行船舶的安全,但 UNCLOS 也还是认识到其与"航行自由"或多或少的存在着冲突,所以仅在船舶不享有"航行自由"的领海、用于国际航行的海峡和群岛水域中规定了沿海国有设定分道通航制的权利,也就是说,只有在上述三类海域中,且符合 UNCLOS 其他相关的规定时,分道通航制才具有法律强制力。

所以,本书认为,虽然 IMO 有权批准台湾浅滩 PSSA 采取避航区、分道通航制和警戒区的 APM,但由于台湾浅滩海域在法律性质上为专属经济区,所以此三项 APM 并不具有法律上的强制力,而仅具有 IMO 建议性质的效力。然而,虽然这三项 APM 不具备法律强制力,但如其确实经 IMO 批准并公布,本书相信鉴于 IMO 在国际层面上所具有的对该事项的影响力,加之此三项 APM 实质上也是为了保护通航船舶自身的航行安全,所以大部分的船舶应会自愿遵守。

而对于本书所提出的第四项 APM,即"限制排污",则与上述三项 APM 的情况有所不同。如本书第 6.2.2.2 节所述,"限制排污"这一 APM 的法律依据来自 UNCLOS 的第 211 条第 6 (a)款,该条款适用的地理范围正是沿海国的专属经济区,所以在台湾浅滩海域中实施"限制排污",只要其是经过 IMO 批准的,就具有法律上的强制力,各国船舶均应遵守。

6.2.4 意义

如本书第 5.6 节所述,PSSA 对于完善我国以海洋环境保护为导向的海洋功能区体系有着重要的借鉴意义。虽然我国目前尚无一处海域被识别及指定为 PSSA,但在前文各项指标分析的基础上,本书认为台湾浅滩完全具备成为我国第一个被 IMO 识别并指定为 PSSA 的条件,由此而产生的意义将十分重大,分叙如下。

(1) 为台湾浅滩独特的重要性提供了全球范围内的认可,各国船舶在该海域内航行时将会格外地谨慎,由此能最大程度的降低发生各类海上事故的风险,保护台湾浅滩乃至整个台湾海峡的海洋环境及资源。

(2) 可以在台湾浅滩内施行原先在国内法框架下无法实施的海洋环境保护措施,尽管部分措施不具有法律上的强制力,但由于其得到了 IMO 的批准,所以在很大程度上各国船舶还是会给予尊重,自愿遵守。相比之下,这些措施如果是由我国单方面提供并公布,由于缺少国际主管组织的认可,则可以预见,自愿遵守的各国船舶数量必会锐减,从而大大减弱了海洋环境保护的效果。

(3) 可以成为大陆和台湾在台湾海峡开展海洋环境资源共同管理的试点区域,为两岸今后更大范围的海洋环境保护相关事宜的合作奠定坚实的基础。

(4) 为我国其他海域申请识别及指定为 PSSA 提供宝贵的经验,使得我国可以在不与 UNCLOS 相冲突的情况下,在更多应当受到保护免遭国际海运活动威胁的海域实施额外的保护措施,这对于提升我国海洋环境的整体质量都助益极大。

第 7 章　总　　结

7.1　研究问题的结论

7.1.1　海洋功能区划应具有的法律地位

通过本书第 3.2 节的理论探讨,可以得出"海洋功能区划"实际上可分为"海洋功能区划制度"和"海洋功能区划成果"。前者的法律地位为"一般法律",具有仅次于宪法和基本法律的法律效力,这与其自身的重要性相符合;而后者的现有法律地位,不论其为国家级抑或地方级,均为处在最低层级的"行政规范",这与其自身的重要性严重背离,从而导致了对其变更的随意性。因此,应赋予"全国海洋功能区划成果"以"行政法规"的法律地位,而"地方海洋功能区划成果"应享有"地方性法规"的法律地位,只有这样才能保障"海洋功能区划成果"稳定性,切实起到保护海洋环境的作用。

7.1.2　海洋功能区划制定原则的完善

通过本书第 3.3 节的理论探讨,可以得出,尽管对于海洋功能区划的制定原则,《海域法》和《海洋功能区划技术导则》已作出了如本书第 2.3 节所述的诸多规定,但结合我国现行的相关法律法规及其他规定,若从保护海洋环境与资源的角度来考察,至少还需引入三大原则进行完善,即"以海定陆"的原则、"公众参与"的原则及"预警原则":①"以海定陆"欲成为陆域各项涉海规划或陆域各项规划涉海部分的制定原则,其首先必须成为海洋功能区划的制定原则;②应使"公众参与"成为贯穿海洋功能区划所有工作程序的原则,并应区分区划的不同阶段,采取不同的"公众参与"形式,以兼顾效率,且不应有区别的对待不同身份的公众;③"预警原则"要求不仅仅要考虑区划海域的环境不确定性,更要考虑区划海域外围用海项目的"前摄性"影响和区划海域内各用海项目的"累加性"影响,适用"预警原则"时的要点有两个,即公众参与和审查替代方案,其中审查替代方案处于基础性的地位。

7.1.3　以海洋环境保护为导向的海洋功能区存在的问题及其对策建议

通过本书第 4 章的理论探讨和第 6.1 节的案例评析,可以得出,在我国现行的海洋功能区分类体系中,以海洋环境保护为导向的海洋功能区只有"海洋保护区",其又分为"海洋自然保护区"和"海洋特别保护区"两大类。"海洋自然保护区"应在特定海域①实行"隔离式"的"保存"管理措施,而在其他海域②禁止进行开发活动(在实验区开展适度的参观考察及旅游活动除外)并

---

①　如前所述,此处的"特定海域"指:a. 不是后来经采用直线基线才被确认为内水的内水,b. 后来经采用直线基线而被确认为内水且航行条件欠佳的内水,c. 航行条件欠佳的领海。

②　此处的"其他海域"是指除了上述"特定海域"外的我国管辖的海域。

实行一般严格意义上的海洋环境保护措施。"海洋特别保护区"采取的是"非隔离式"的一般意义上的严格环境保护，允许适度的开发利用活动。

（1）建区工作中存在的问题：①无法进行有效的全国性规划——应将国务院有关自然保护区行政主管部门及其派出机构都纳入有权提出各级各类海洋保护区建区申请的部门之中；②海洋自然保护区建区力度过大——a.应谨慎申报和审批海洋自然保护区，将是否能有条件实施"隔离式"的"保存"管理措施作为申报和审批的重要标准，b.对于目前已设立的海洋自然保护区进行复核，若其无法实施"隔离式"的"保存"管理措施，则应根据其具体情况作出撤销海洋自然保护区或变更为海洋特别保护区的处理；③未实施公众参与——a.应从起始阶段就引入公众参与，并区分其中不同阶段，采取不同的公众参与形式，b.要解决好因为建区而导致周边涉海群众"失海"进而"失业"的问题。

（2）管理体制的现有问题：①海洋自然保护区——地方层级的权力过大，若要避免此种现象，最核心的解决方法就是，中央应当对各级各类海洋自然保护区的各项事宜进行大比例的"出资"，尤其是对具有重大价值或重大影响的海洋自然保护区，而不是仅仅局限在对国家级海洋自然保护区"给予适当的资金补助"。此外，必须坚持按照《自然保护区条例》的规定，由国务院批准各级各类海洋自然保护区的设立。②海洋特别保护区——跨省级行政区域的地方级海洋特别保护区的批准机构设定为国务院，对于不具备可行性且该保护区主体的设立容易导致跨区域部门间的互相推诿的现象，最佳的解决方法就是取消"跨省级行政区域地方级海洋特别保护区"的设立资格。即从实际操作层面的可行性来考虑，凡是跨省级行政区域的海洋特别保护区的设立,都应符合国家级海洋特别保护区的标准要求,而对于地理位置上确实为跨省级行政区域而又达不到国家级标准的海洋特别保护区,那就通过"联席会议"的方式,由所跨地方政府进行"拼接式"的独立管理。

(3) 经济效益所导致的问题:保护与发展的矛盾突出,建设管理资金和人员配备严重不足及未引入"公众参与"机制——通过建立"海洋保护区管理股份有限公司"的方式开展融资工作,并以上市作为其目标。此处所指"海洋保护区管理股份有限公司"绝不是地域上被"困在"海洋保护区中的公司,它主要的经营地域范围应包括海洋保护区、周边海域与岛屿、附近大陆陆域,也就是说,其所经营的是以海洋保护区为核心,辐射周边一定区域的"海洋保护区经济圈"。

7.1.4 国际上关于 PSSA 的理念可供借鉴之用

通过本书第 5 章的理论探讨和第 6.2 节的案例设想,可以得出,PSSA 对于完善我国以海洋环境保护为导向的海洋功能区体系有着重要的借鉴意义。

首先,PSSA 作为一种"污染源导向性"的海洋环境保护措施,对于我国目前海洋自然保护区及海洋特别保护区这样的"保护目标导向性"海洋环境保护措施而言,是一种极为有益的补充。

其次,因为我国已加入 UNCLOS,国内法调整下的海洋自然保护区和海洋特别保护所采取的保护措施,在我国的领海和专属经济区实际上是无法完全执行的。或者说,这些保护措施与 UNCLOS 的相关条款有冲突,最明显例子的就是《自然保护区条例》所规定采取的"隔离式"的"保存"管理措施在很大程度上与 UNCLOS 保障船舶在沿海国领海和专属经济区内航行权利的规定相冲突。

在此背景下，可以说，在我国的领海和专属经济区中，申请将特定海域识别并指定为 PSSA 可能便是目前最能提供足够的保护措施来使得脆弱的海洋生态系统免受由国际海运活动带来的船源污染及其他威胁的方法，理由如下。

（1）通过在国际海图上确认已被指定为 PSSA 的海域，有助于为该海域独特的重要性提供全球范围内的认可，使得各国船舶在该海域内航行时会格外谨慎，由此能最大限度降低发生各类海上事故的风险。

（2）可以在被指定为 PSSA 的海域内施行原先在国内法框架下无法实施的海洋环境保护措施，尽管部分措施不具有法律上的强制力，但由于得到了 IMO 的批准，所以在很大程度上各国船舶还是会给予尊重，并自愿遵守。相比之下，这些措施如果是由我国单方面提供并公布的，由于缺少国际主管组织的认可，可以预见，自愿遵守的各国船舶数量必会锐减，从而大大减弱了海洋环境保护的效果。

（3）若我国的某一海域具备国际公认的特殊情形，那 IMO 对该海域的 PSSA 指定可能还可以批准实施特殊的保护措施，即便这种措施无法在现有国际公认的措施内找到法律依据。

7.2 主要创新点

（1）对"海洋功能区划制度"和"海洋功能区划成果"各自的法律地位进行了深入剖析，并从保护海洋环境的角度出发，以法理分析为依据，提出了应提高"海洋功能区划成果"法律地位的建议。

（2）提出应引入"以海定陆"的原则、"公众参与"的原则及"预警原则"对我国目前海洋功能区划的制定原则加以完善，并对其在引入的过程中需注意的要点进行了深入的法理分析。

（3）从国内法和国际法的角度综合考察了海洋自然保护区和海洋特别保护区的不同，并对海洋保护区的建区工作、管理体制和经济效益方面存在的问题及其对策建议开展了以法律为视角的深入分析。

（4）以法律为视角，提出应引进 PSSA 来完善我国以海洋环境保护为导向的海洋功能区体系，以此来增强我国在领海和专属经济区内保护海洋环境免遭国际海运活动威胁的能力。

7.3　不足与展望

在本书第 6.2 节"申请识别及指定台湾浅滩为 PSSA 的设想"的研究中，虽然笔者已尽力搜集与台湾浅滩有所相关的国内外文献，但是由于大部分文献均仅将其作为研究台湾海峡相关问题的一部分而捎带提及，并未对台湾浅滩有过系统的针对识别及指定 PSSA 各项指标的研究，所以本书在总结台湾浅滩的重要性及由国际海运活动造成的脆弱性时，极有可能无法全面系统地展现出台湾浅滩一些更为重要并且脆弱的特性，也由此可能导致所建议之 APM 仍不足以保护台湾浅滩的情况。此外，由于缺少专门针对台湾浅滩开展的海上交通情况数据，本书对于所提 APM 各自在台湾浅滩的地理适用范围，也只作了定性的说明，并未将其在海图上进行坐标化。

研究无止境，笔者迫切希望海峡两岸的专家学者和相关主管机构能尽早携手，对识别和指定台湾浅滩为 PSSA 中所涉及的各项指标开展专门的立项研究,为弥补上述不足提供坚实的科学数据,同时,若能发现台湾浅滩海域潜藏着一些特殊情形,而此特殊情形又能得到广泛的国际认可,则有可能在台湾浅滩采取更为有效的特殊 APM 来保护海洋环境。

缩　略　语

APM	associated protective measures	相关保护措施
ATBA	area to be avoided	避航区
CBD	Convention on Biological Diversity	生物多样性公约
COLREGS	International Regulations for the Prevent of Collisions at Sea	国际海上避碰规则
GPSR	General Provisions on Ships' Routeing	船舶定线制的一般规定
IMO	International Maritime Organization	国际海事组织
ITG	informal technical group	非正式技术工作组
MARPOL	Maritime Agreement Regarding Oil Pollution	国际防止船舶污染公约
MEPC	Maritime Environment Protection Committee	海洋环境保护委员会
MFZ	marine functional zoning	海洋功能区划
MSC	Marine Safety Committee	海洋安全委员会
MSP	marine spatial planning	海洋空间规划
NAV	Sub-Committee on Safety of Navigation	航行安全分委员会
PSSA	particularly sensitive sea areas	特别敏感海域
SA	special area	特殊区域
SECA	SO_X Emission Control Area	硫氧化物排放管制区
SOLAS	International Convention for the Safety of Life at Sea	国际海上人命安全公约
SRS	Ship Reporting Systems	船舶报告制
UNCLOS	United Nations Convention on the Law of the Sea	联合国海洋法公约
VTS	vessel traffic services	船舶交通管理系统

图 表 索 引

参 考 文 献

论文类

［1］ An Cliquet, Fabienne Kervarec, Dirk Bogaert, et al. Legitimacy issues in public participation in coastal decision making process: Case studies from Belgium and France [J]. Ocean & Coastal Management, 2010, 53:760 - 768.

［2］ Bardhan P. Decentralization of governance and development [J]. Journal of Economic Perspectives, 2002,16(4):185 - 205.

［3］ Cai A Z, Zhu X N, Li Y M, et al. Sedimentary environment in Taiwan Shoal [J]. Chin. J. Oceanol. Limnol. , 1992,10(4):331 - 339.

［4］ Cameron, Fraser K.. The Greenhouse Effect: Proposed reforms for the Australian environmental regulatory regime [J]. Columbia Journal of Environmental Law, 2000,(25):359.

[5] Chabota, M., Duhaimea, G. Land-use planning and participation: the case of Inuit public housing (Nunavik, Canada) [J]. Habitat International, 1998, 22(44):429 - 447.

[6] Clark C W. Marine reserves and the precautionary management of fisheries [J]. Ecological Applications, 1996,6(2):369 - 370.

[7] Crowder, L., Osherenko, G., Young, O., et al. Resolving mismatches in US ocean governance [J]. Science, 2006,313:617 - 618.

[8] Daniel J. Dzurek. The People's Republic of China straight baseline claim [J]. IBRU Boundary and Security Bulletin Summer, 1996:77 - 89.

[9] E.J. Hind, M. C. Hiponia, T. S. Gray. From community-based to centralised national management—A wrong turning for the governance of the marine protected area in Apo Island, Philippines? [J]. Marine Policy, 2010,(34):54 - 62.

[10] Elizabeth M. De Santo. "Whose science?" precaution and power-play in European marine environmental decision-making [J]. Marine Policy, 2010,(34):414 - 420.

[11] F. Douvere, F. Maes, A. Vanhulle, J. Schrijvers. The role of marine spatial planning in sea use management: the Belgian case [J]. Marine Policy, 2007,(31):182 - 191.

[12] Fairweather. P. G.. Links between ecology and ecophilosophy, ethics and the requirements of environmental management [J]. Aust. J. Ecol., 1993,(18):3-19.

[13] Frank Maes. The international legal framework for marine spatial planning [J]. Marine Policy, 2008, (32):797-810.

[14] Gee K, et al. National ICZM strategies in Germany: A spatial planning approach [A]. In: Schernewski G, Loser N. Managing the Baltic Sea. Coastline Reports, 2004,(2):23-33.

[15] Geoghegan T. Financing protected area management: experiences from the Caribbean [J]. CANARI Technical Report, 1998,272:3-4,6.

[16] Gerard Peet. Particularly Sensitive Sea Areas—An overview of relevant IMO documents [J]. IJMCL, 1994,(9):556-576.

[17] Gray, J.S., Statistics and the precautionary principle [J]. Mar, Poll. Bull., 1990,(21):174-176.

[18] Hartvigsen G, Kinzig A, Peterson G. Use and analysis of complex adaptive systems in ecosystem science [J]. Ecosystems, 1998,1(5):427-430.

[19] Hay, A., E. Trinder. Concepts of equity, fairness, and justice expressed by local transport policymakers [J]. Environment and Planning, 1991,C9:453-465.

[20] Hughey K. An evaluation of a management saga: the

banks peninsula Marine Mammal Sanctuary, New Zealand [J]. J Environ Manage, 2000,3:179 - 197.

[21] Hyman, E. Land-use Planning to help sustain tropical forest resources [J]. World Development, 1984, 12 (8):837 - 847.

[22] Jeff Ardron, Kristina Gjerde, Sian Pullen, Virginie Tilot. Marine spatial planning in the high seas [J]. Marine Policy, 2008,(32):832 - 839.

[23] Jianyu Hu, Hiroshi Kawamura, Chunyan Li, Huasheng Hong, Yuwu Jiang. Review on current and seawater volume transport through the Taiwan Strait [J]. Journal of Oceanography, 2010,66:591 - 610.

[24] Jim CY, Xu SSW. Recent protected-area designation in China: an evaluation of administrative and statutory procedures [J]. The Geographical Journal, 2004,170 (1):39 - 50.

[25] Joel A. Tickner, Ken Geiser. The precautionary principle stimulus for solutions—and alternatives-based environmental policy [J]. Environmental Impact Assessment Review, 2004,(24):801 - 824.

[26] Jones PJS, Burgess J. Building partnership capacity for the collaborative management of marine protected areas in the UK: a preliminary analysis [J]. Journal of Environmental Management, 2005,77(3):227 - 243.

[27] Jones PJS. Marine protected area strategies: issues, divergences and the search for the middle ground [J].

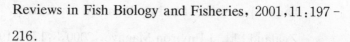
Reviews in Fish Biology and Fisheries, 2001,11:197 - 216.

[28] K. M. Gjerde and D. Ong. Protection of particularly sensitive sea areas under international marine environmental law [J]. Marine Pollution Bulletin, 1993,26:9 - 13.

[29] Kelleher, G. A global representative system of marine protected areas [J]. Ocean & Coastal Management, 1996,32(2):123 - 126.

[30] Kimesha Reid-Grant, Mahadev G. Bhat. Financing marine protected areas in Jamaica: An exploratory study [J]. Marine Policy, 2009,(33):128 - 136.

[31] Kullenberg and Gunnar. Editorial [J]. Ocean & Coastal Management, 2000,43(8 - 9):609 - 613.

[32] Louise de la Fayette. The marine environment protection committee: the conjunction of the law of the sea and international environmental law [J]. IJMCL, 2001,(16):155 - 238.

[33] McClanahan TR. Is there a future for coral reef parks in poor tropical countries? [J]. Coral Reefs 1999,18: 321 - 325.

[34] Melissa M. Foley, Benjamin S. Halpern, Fiorenza Micheli, etc. Guiding ecological priciples for marine spatial planning [J]. Marine Policy, 2010,(34):955 - 966.

[35] Myers, N.. Biodiversity and the precautionary principle

[J]. Ambio, 1993, (22):74 - 79.

[36] Niino H, Emery O K. The sediment of shallow portion of East China Sea and South China Sea [J]. Geol. Soc. Amer. Bull., 1961,75(5):731 - 762.

[37] Nickerson-Tietze DJ. Community-based management for sustainable fisheries resources in Phang-nga bay, Thailand [J]. Coast Manage, 2000,1:65 - 74.

[38] Paul M. Gilliland, Dan Laffoley. Key elements and steps in the process of developing ecosystem-based marine spatial planning [J]. Marine Policy, 2008, (32):787 - 796.

[39] Peter Ottesen, Stephen Sparkes and Colin Trinder. Shipping threats and protection of the Great Barrier Reef Marine Park—the role of the particularly sensitive sea area concept [J]. IJMCL, 1994, (9): 507 - 522.

[40] Pomeroy RS, Berkes F. Two to tango: the role of government in fisheries co-management [J]. Marine Policy, 1997,21(5):465 - 480.

[41] Robert Pomeroy, Fanny Douvere. The engagement of stakeholders in the marine spatial planning process [J]. Marine Policy, 2008,32:816 - 822.

[42] Ryan P. Lessmann. Current protections on the galapagos islands are inadequate: the international maritime organization should declare the islands a particularly sensitive sea area [J]. Colo. J. Int'l

Envtl. L. & Pol'y, 2004, (15):117 - 151.

[43] Sanderson H, Petersen S. Power analysis as a reflexive scientific tool for interpretation and implementation of the precautionary principle in the Europe Union [J]. Environmental Science & Pollution Research, 2002,9:221 - 226.

[44] Sandin P. Dimensions of the precautionary principle [J]. Human and Ecological Risk Assessment, 1999,5 (5):889 - 907.

[45] Susan Charnley, Bruce Engelbert. Evaluating public participation in environment decision-making: EPA's superfund community involvement program [J]. Journal of Environmental Management, 2005, (77): 165 - 182.

[46] T. Ilstra. Maritime safety issues under the Law of the Sea Convention and their implementation [A]. In: A. H. Soons (ed) Proceedings of the 23rd Annual Conference of the Law of the Sea Institute [M]. Honolulu: The Law of the Sea Institute, 1989. p.219.

[47] Trinder, E. , A. Hay, J. Dignan, P. Else, J. Skorupski. Concepts of equity, fairness, and justice in British transport legislation, 1960 - 88 [J]. Environment and Planning, 1991,C9:31 - 50.

[48] Underdal A. Science and politics: the anatomy of an uneasy partnership [A]. In: Andresen S, Skodvin T, Underdal A, Wettestad J, editors. Science and politics

in international environmental regime: between integrity and involvement [M]. Manchester: Manchester University Press, 2000. pp. 1 - 21.

[49] Wanfei Qiu, Bin Wang, Peter J. S. Jones, Jan C. Axmacher. Challenges in developing China's marine protected area system [J]. Marine Policy, 2009, (33): 599 - 605.

[50] Wang Xian, LI Wenquan. Study on photosynthetic parameters and primary production of marine phytoplankton in Minnan-Taiwan Shoal [J]. Chin. J. Oceanol. Limnol. , 1994,12(1):91 - 96.

[51] Webler, T. , Tuler, S. , Krueger, R.. What is a good public participation process? Five perspectives from the public [J]. Environmental Management, 2001,27 (3):435 - 450.

[52] Wilson J. Matching social and ecological systems in complex ocean fisheries [J]. Ecology and Society, 2006,11(1):9 - 30.

[53] Wilson J. Scientific uncertainty, complex systems and the design of common-pool institutions [A]. In: Ostrom E, Dietz T, Dolsak N, Stern PC, Stonich S, Weber EU, editors. The drama of the commons [M]. Washington, DC: National Academy Press, 2002. pp. 327 - 359.

[54] Wynne, B.. Uncertainty and environmental learning: reconceiving science and policy in the preventive

paradigm［J］. Global Environ. Change，1992，（2）：111 - 127.

［55］ 蔡少炼，林祥裕.汕头—台湾浅滩渔场的现状及展望［J］.汕头科技,2003,（2）:19 - 22.

［56］ 曹可.海洋功能区划的基本理论与实证研究［D］.大连:辽宁师范大学,2004.

［57］ 陈传明.福建省海洋自然保护区管理现状与对策［J］.海洋开发与管理,2006,23(1):93 - 95.

［58］ 陈丽蓉,徐文强,申顺喜.闽南台湾浅滩大陆架重矿物组合及其分布特征［A］.中国科学院海洋研究所海洋地质研究室.黄东海地质［M］.北京:科学出版社,1982:98 - 104.

［59］ 陈威,陈峰.减少两岸直航船舶通航风险的对策研究［J］.中国水运,2010,10(6):22 - 23.

［60］ 陈艳.海域使用管理的理论与实践研究———一种经济学的视角［D］.青岛:中国海洋大学,2006.

［61］ 崔凤,刘变叶.我国海洋自然保护区存在的主要问题及深层原因［J］.中国海洋大学学报(社会科学版),2006,（2）:12 - 16.

［62］ 范耀天,张洪武.论 PSSA 的发展及对我国建立 PSSA 的思考［J］.武汉船舶职业技术学院学报,2006,5:23 - 27.

［63］ 高岩松.台湾海峡船舶交通流的调查与分析［J］.中国航海,2005,（3）:37 - 40,61.

［64］ 黄志,翁跃宗.台湾海峡船舶交通安全的综合评价［J］.中国航海,2005,（4）:56 - 60.

［65］ 金翔龙.金翔龙院士在国家海洋功能区划专家委员会会

议上的讲话[A].见:国家海洋功能区划专家委员会.海洋功能区划研讨会论文集[M].北京:海洋出版社,2010.

[66] 李杰,赵亚兴.台湾海峡船舶交通管理系统的主要功能与特点[J].航海技术,2009,(5):37-39.

[67] 李荣欣,陈兴群,陈彬,赖晓暄.浅议福建省海洋保护区建设与管理[J].海洋开发与管理,2010,27(9):61-66.

[68] 林桂兰,谢在团.海洋功能区划理论体系与编制方法的思考[J].海洋开发与管理,2008,(8):10-16.

[69] 林祥裕.汕头—台湾浅滩渔场渔业生态环境及渔业资源现状[J].汕头科技,2007,(2):29-32.

[70] 林祥裕,欧红丽.汕头—台湾浅滩生态系统渔业资源生产量及最大持续产量评估[J].汕头科技,2006,(3):40-43.

[71] 刘兰.我国海洋特别保护区的理论与实践研究[D].青岛:中国海洋大学,2006.

[72] 刘水良,徐颂军.广东省海洋自然保护区可持续发展研究[J].海洋开发与管理,2004,(6):79-83.

[73] 栾维新,阿东.中国海洋功能区划的基本方案[J].人文地理,2002,17(3):93-95.

[74] 吕彩霞.关于《海域使用管理法》有关条款的阐释[J].海洋开发与管理,2001(6):21-27.

[75] 任一平,李升,徐宾铎,纪毓鹏.我国海洋功能区划中的公众参与及其效果评价[J].中国海洋大学学报(社会科学版),2009,(1):1-5.

[76] 史春林.1958年《中华人民共和国政府关于领海的声明》研究[J].当代中国史研究,2005,12(4):108-115.

[77] 石谦,张君元,蔡爱智.台湾浅滩——巨大的砂资源库[J].自然资源学报,2009,24(3):507-513.

[78] 苏杨.改善中国自然保护区管理的对策[J].绿色中国,2004,(18):25-28.

[79] 汤旭红,蔡存强.特别敏感海域和特殊区域的对比研究[J].中国航海,2007,3:45-48.

[80] 王慧珍.县级土地利用总体规划中的公众参与——以湖南省醴陵市为例[D].长沙:湖南农业大学硕士论文,2006.

[81] 王佩儿.海洋功能区划的基本理论、方法和案例研究[D].厦门:厦门大学,2005.

[82] 王佩儿,洪华生,张珞平.试论以资源定位的海洋功能区划[J].厦门大学学报,2004,43(S1):205-210.

[83] 王佩儿,刘阳雄,张珞平,陈伟琪,洪华生.海洋功能区划立法探讨[J].海洋环境科学,2006,25(4):88-91.

[84] 王权明,苗丰民,李淑媛.国外海洋空间规划概况及我国海洋功能区划的借鉴[J].海洋开发与管理,2008,(9):5-8.

[85] 王铁民.对《海域使用管理法》有关条款的理解[J].海洋开发与管理,2002,(1):35-41.

[86] 翁跃宗,张寿桂.台湾海峡主航道船舶定线的研究[J].中国航海,2006,(2):59-63.

[87] 叶有华,彭少麟,侯玉平 等.我国海洋自然保护区的发展和分布特征分析[J].热带海洋学报,2008,27(2):70-75.

[88] 于青松.国家海洋局海域和海岛管理司于青松司长在国

家海洋功能区划专家委员会会议上的讲话[G]//国家海洋功能区划专家委员会.海洋功能区划研讨会论文集.北京:海洋出版社,2010.

[89]　虞依娜,彭少麟,侯玉平 等.我国海洋自然保护区面临的主要问题及管理策略[J].生态环境,2008,17(5):2112－2116.

[90]　张珞平,陈伟琪,洪华生.预警原则在环境规划与管理中的应用[J].厦门大学学报(自然科学版),2004,43(增刊):221－224.

[91]　张君元.台湾海峡及邻域的地形和沉积特征的初步研究[J].海洋科学集刊,1989,(30):1－17.

[92]　赵亚娟.对日本秘密海运极端危险核物质的法律思考[J].中国海洋法学评论,2005,(1):105－116.

专著类

[93]　A. H. Soons（ed）Proceedings of the 23rd Annual Conference of the Law of the Sea Institute [M]. Honolulu: The Law of the Sea Institute, 1989.

[94]　Andresen S, Skodvin T, Underdal A, Wettestad J, editors. Science and Politics in International Environmental Regime: Between Integrity and Involvement [M]. Manchester: Manchester University Press, 2000.

[95]　Clive R. Symmons, Historic Waters in the Law of the Sea [M]. Leiden: Martinus Nijhoff Publishers, 2008.

[96]　Gubbay S. Marine Protected Areas: Principles and Techniques for Management [M]. London: Chapman

& Hall，1995.

[97] International Maritime Organization. MARPOL 73/78 Consolidated Edition 2002[M]. London：IMO，2002.

[98] Jan Vermaat，Laurens Bouwer，Kerry Turner，Wim Salomons. Managing European Coasts-past，Present and Future [M]. Berlin：Springer，2005.

[99] Julian Roberts. Marine Environment Protection and Biodiversity Conservation—the Application and Future Development of the IMO's Particularly Sensitive Sea Area Concept [M]. Berlin/Heidelberg：Springer-Verlag，2007.

[100] Lockwood M，Worboys GL，Kothari A. Managing Protected Areas：a Global Guide [M]. London：Earthscan，2006.

[101] Markus J. Kachel. Particularly Sensitive Sea Areas— the IMO's Role in Protecting Vulnerable Marine Areas [M]. Berlin/Heidelberg：Springer-Verlag，2008.

[102] Michael J. Kennish. Practical Handbook of Marine Science (3rd) [M]. Boca Raton et al.：CRC Press，2001.

[103] Ostrom E，Dietz T，Dolsak N，Stern PC，Stonich S，Weber EU，editors. The Drama of the Commons [M]. Washington，DC：National Academy Press，2002.

[104] R. R. Churchill and A. V. Lowe. The Law of the Sea

〔M〕. Manchester：Manchester University Press，1999.

［105］ Sand，Peter H.．Transnational Environmental Law〔M〕. Hague：Kluwer Law International Ltd.，1999.

［106］ 卞耀武,曹康泰,王曙光.中华人民共和国海域使用管理法释义〔M〕.北京：法律出版社,2002.

［107］ 蔡守秋.环境资源法教程〔M〕.北京：高等教育出版社,2004.

［108］ 蔡守秋,何卫东.当代海洋环境资源法〔M〕.北京：煤炭工业出版社,2001.

［109］ 褚晓琳.海洋生物资源养护中的预警原则研究〔M〕.上海：世纪出版集团上海人民出版社,2010.

［110］ 戴昌凤.台湾的海洋〔M〕.台北：远足文化事业股份有限公司,2003.

［111］ 戴天元.福建海区渔业资源生态容量和海洋捕捞业管理研究〔M〕.北京：科学出版社,2004.

［112］ 傅崐成.海洋法相关公约及中英文索引〔M〕.厦门：厦门大学出版社,2005.

［113］ 傅崐成.海洋法专题研究〔M〕.厦门：厦门大学出版社,2004.

［114］ 韩立民,陈艳.海域使用管理的理论与实践〔M〕.青岛：中国海洋大学出版社,2006.

［115］ ［古罗马］查士丁尼.法学阶梯〔M〕.北京：中国政法大学出版社,1999.

［116］ 国际海事组织.中华人民共和国海事局译.船舶定线制和报告制〔M〕.大连：大连海事大学出版社,2003.

[117] 国家海洋功能区划专家委员会.海洋功能区划研讨会论文集[M].北京:海洋出版社,2010.

[118] 国家海洋局.中国海洋 21 世纪议程[M].北京:海洋出版社,1996.

[119] 李永军.海域使用权研究[M].北京:中国政法大学出版社,2006.

[120] 刘中民.国际海洋环境制度导论[M].北京:海洋出版社,2007.

[121] 栾维新等著.海陆一体化建设研究[M].北京:海洋出版社,2004.

[122] 马怀德.行政法与行政诉讼法(最新修订)[M].北京:中国法制出版社,2007.

[123] 皮纯协主编.中国行政法教程[M].北京:中国政法大学出版社,1988.

[124] 徐祥民,申进忠.海洋环境的法律保护研究[M].青岛:中国海洋大学出版社,2006.

[125] 杨海坤,章志远.中国行政法基本理论研究[M].北京:北京大学出版社,2004.

[126] 杨泽伟.宏观国际法史[M].武汉:武汉大学出版社,2001.

[127] 叶必丰,周佑勇.行政规范研究[M].北京:法律出版社,2002.

[128] [意]桑德罗·斯契巴尼选编,范怀俊译.物与物权[M].北京:中国政法大学出版社,1999.

[129] 张尚鷟.行政法教程[M].北京:中央广播电视大学出版社,1988.

［130］ 张文显.法理学(第三版)［M］.北京:法律出版社,2007.

［131］ 中国科学院海洋研究所海洋地质研究室.黄东海地质［M］.北京:科学出版社,1982.

规范性文件

［132］ Guidelines and Criteria for Ship Reporting Systems.

［133］ IMO. Guidelines for the designation of special areas and the identification of particularly sensitive sea areas ［Resolution A. 720(17)］.

［134］ IMO. Guidelines for the designation of special areas under MARPOL 73/78 and guidelines for the identification and designation of particularly sensitive sea areas ［Resolution A. 927(22)］.

［135］ IMO. Guidelines for Vessel Traffic Services ［Res. A. 857(20)］.

［136］ IMO. Procedures for the identification of particularly sensitive sea areas and the adoption of associated protective measures and amendments to the guidelines contained in Resolution A. 720 (17) ［Resolution A. 885(21)］.

［137］ IMO. Revised guidelines for the identification and designation of particularly sensitive sea areas (Resolution A. 982 (24)). Adopted on 1 December 2005.

［138］ MEPC 30/19/1. Draft guidelines for the designation of special areas and the identification of particularly sensitive areas. 17 August 1990.

[139] MEPC 30/19/1/ Corr. 1 of 12 October 1990.

[140] MEPC 51/8/1. Designation of the Baltic Sea Area as particularly sensitive sea area. 19 December 2003.

[141] MEPC 52/8. Proposed amendments to Assembly Resolution A. 927(22) to strengthen and clarify the guidelines for the identification and designation of particularly sensitive sea areas. 9 July 2004.

[142] MEPC 52/24. Report of the Informal Group on the PSSA Guidelines [R]. 14 October 2004.

[143] MEPC 53/24/Add. 2 Annex 21. Designation of the Torres Strait as an Extension of the Great Barrier Reef Particularly Sensitive Sea Area [Resolution MEPC. 133(53)].

[144] MEPC 57/21. Designation of the Papahanaumokuakea Marine National Monument as a Particularly Sensitive Sea Area [Annex 12. Resolution MEPC. 171(57)].

[145] MEPC 62/9/1. Identification and Protection of Special Areas and Particularly Sensitive Sea Areas-Urgent matter arising from NAV 57 regarding the Strait of Bonifacio Particularly Sensitive Sea Areas.

[146] MEPC/Circ. 398. Guidance document for submission for PSSA proposals to IMO. 27 March 2003.

[147] Nicholas Ashford, Katherine Barrett, Anita Bernstein, etc. Wingspread statement on the precautionary principle.

[148] Res. MSC. 65(68). Adoption of Amendments to the

SOLAS Convention. adopted on 4 June 1997.

[149] SOLAS.《International Convention for the Safety of Life at Sea》.

[150] The Ministry of Transport，Public Works and Water Management，the Ministry of Agriculture，Nature and Food Quality，the Ministry of Housing，Spatial Planning and the Environment and the Ministry of Economic Affairs. Integrated Management Plan for the North Sea 2015. Adopted by the Council of Ministers on 8 July 2005.

[151] The United Nations Conference on Environmental and Development. Agenda 21.

[152] The United Nations Conference on Environment and Development. Rio Declaration on Environment and Development.

[153] 第八届全国人民代表大会常务委员会.中华人民共和国公司法.

[154] 第八届全国人民代表大会常务委员会.中华人民共和国农业法.

[155] 第九届全国人民代表大会常务委员会.中华人民共和国安全生产法.

[156] 第九届全国人民代表大会常务委员会.中华人民共和国大气污染防治法.

[157] 第九届全国人民代表大会常务委员会.中华人民共和国海域使用管理法.

[158] 第九届全国人民代表大会常务委员会.中华人民共和国

环境影响评价法.

[159] 第九届全国人民代表大会.中华人民共和国立法法.

[160] 第六届全国人民代表大会常务委员会.中华人民共和国矿产资源法.

[161] 第六届全国人民代表大会常务委员会.中华人民共和国水污染防治法.

[162] 第六届全国人民代表大会常务委员会.中华人民共和国土地管理法.

[163] 第六届全国人民代表大会常务委员会.中华人民共和国渔业法.

[164] 第七届全国人民代表大会常务委员会.中华人民共和国环境保护法.

[165] 第七届全国人民代表大会.中华人民共和国行政诉讼法.

[166] 第十届全国人民代表大会常务委员会.中华人民共和国港口法.

[167] 第十届全国人民代表大会常务委员会.中华人民共和国野生动物保护法.

[168] 第十一届全国人民代表大会常务委员会.中华人民共和国海岛保护法.

[169] 第五届全国人民代表大会.中华人民共和国地方各级人民代表大会和地方各级人民政府组织法.

[170] 第五届全国人民代表大会常务委员会.中华人民共和国海洋环境保护法.

[171] 福建省人民政府.福建省人民政府关于厦门市海洋功能区划的批复(闽政文[2007]64号).

[172] 广东省人民政府.广东省人民政府印发广东省海洋功能

区划文本的通知.

[173] 国家发展和改革委员会.海峡西岸经济区发展规划.

[174] 国家海洋局.海洋自然保护区管理办法.

[175] 国家海洋局.关于规范省级海洋功能区划修改工作的通知(国海管字〔2010〕590号).

[176] 国家海洋局.关于印发《海洋功能区划管理规定》的通知(国海发〔2007〕18号).

[177] 国家海洋局.关于印发《海洋特别保护区管理办法》、《国家级海洋特别保护区评审委员会工作规则》和《国家级海洋公园评审标准》的通知.

[178] 国家海洋局.关于印发《海洋特别保护区管理暂行办法》的通知(国海发〔2005〕24号).

[179] 国家海洋局.省级海洋功能区划修改方案报批材料格式要求.

[180] 国家技术监督局.海洋功能区划(GB 17108 - 1997).

[181] 国家质量技术监督局.海洋自然保护区类型与级别划分原则(GB/T 17504 - 1998).

[182] 国土资源部.土地利用总体规划编制审查办法.

[183] 国务院.关于支持福建省加快建设海峡西岸经济区的若干意见(国发〔2009〕24号).

[184] 国务院.国务院关于福建省海洋功能区划的批复(国函〔2006〕117号).

[185] 国务院.国务院关于全国海洋功能区划的批复(国函〔2002〕77号).

[186] 国务院.行政法规制定程序条例.

[187] 国务院.中华人民共和国关于领海的声明(1958年9月

4 日）.

[188] 国务院.中华人民共和国土地管理法实施条例.

[189] 国务院.中华人民共和国政府关于中华人民共和国领海基线的声明(1996 年 5 月 15 日）.

[190] 国务院.中华人民共和国自然保护区条例.

[191] 国务院办公厅.国务院办公厅转发国务院机构改革办公室对国家环境保护局、国家海洋局有关海洋环境保护职责分工意见的通知.

[192] 环境保护部.关于印发《中国生物多样性保护战略与行动计划(2011 - 2030)的通知》.

[193] 领海及毗连区公约(1958 年 4 月 29 日订于日内瓦）.

[194] 农业部.渔业船舶水上安全突发事件应急预案.

[195] 厦门市人大常委会.厦门大屿岛白鹭自然保护区管理办法.

[196] 厦门市人民政府.厦门市中华白海豚保护规定.

[197] 最高人民法院.最高人民法院关于执行《中华人民共和国行政诉讼法》若干问题的解释.

其他

[198] California Marine Life Protection Act Initiative. Strategy for stakeholder and interested public participation [EB/OL]. [2011 - 04 - 10]. http://www. dfg. ca. gov/mlpa/pdfs/revisedmp0108d. pdf: D - 1.

[199] Conservation Finance Alliance (CFA). Financing marine protected areas (one chapter of Conservation finance guide，2001）[EB/OL]. [2011 - 05 - 25].

http://www. conservationfinance. org/gui de/guide/
indexd51. htm.

[200] Department for Environment, Food and Rural
Affairs (DEFRA), UK. A Marine Bill [Z]. A
Consultation Document, March 2006.

[201] Department for Environment, Food and Rural
Affairs (DEFRA), UK. Marine spatial planning
literature review [EB/OL]. 18 May 2011 pp. 34 – 35.
http://www. abpmer. net/mspp/docs/finals/
MSPliteraturereview_Final. pdf: 34 – 35.

[202] Ehler, C. , Douvere, F.. Visions for a sea change
[R]. Report of the first international workshop on
marine spatial planning. Intergovernmental
Oceanographic Commission and Man and the
Biosphere Programme. IOC Manual and Guides 48,
IOCAM Dossier 4, Paris, UNESCO, 2007.

[203] Graeme Kelleher. Guidelines for marine protected
areas [EB/OL]. 1999. [2011 – 05 – 16]. http://
www. vliz. be/imisdocs/publications/64732. pdf:
xviii.

[204] IMO. Particularly Sensitive Sea Areas [EB/OL].
[2011 – 08 – 25]. http://www5. imo. org/SharePoint/
mainframe. asp? topic_id = 1357.

[205] IMO. Special Areas under MARPOL [EB/OL].
[2011 – 08 – 12]. http://www. imo. org/ourwork/
environment/pollutionprevention/specialareasunder-

marpol/Pages/Default. aspx.

[206] Jeff Ardon. Overview of Existing High Seas Spatial Measures and Proposals with Relevance to High Seas Conservation (August 2007) [R]. http://www. cbd. int/doc/meetings/mar/ewsebm-01/other/ewsebm-01-ardron-en. pdf, pp. ii – iii.

[207] Louisa J. Wood, Lucy Fish, Josh Laughren, Daniel Pauly. Assessing progress towards global marine protection target: shortfalls in information and action [R]. Working paper ♯2007 – 03 of Fisheries Centre in the University of British Columbia, 2007.

[208] McLeod, K. , Lubchenco, J. , Palumbi, R. , Rosenberg, A. . Scientific consensus statement on marine ecosystem-based management [Z]. Communication Partnership for Science and the Sea, 2005.

[209] MEPC. Report to the commission on sustainable development in fulfillment of General Assembly Resolution 47/191 adopted on 22 December 1992.

[210] MEPC 23/22. Report on the Marine Environment Protection Committee on its Twenty-Third Session [R]. 25 July 1986.

[211] MEPC 45/6. Report of the correspondence group on the revision of Resolution A. 720(17). 3 June 2000.

[212] MEPC 51/22. Report of the MEPC on its Fifty-First Session [R]. 22 April 2004, Annex 8.

[213] MEPC 51/WP. 9. Report of the Informal Technical

Group [R]. 1 April 2004, Annexes 1 to 3.

[214] MEPC 52/24. Report of the Informal Group on the PSSA Guidelines [R]. 14 October 2004.

[215] MEPC 52/8. Proposed amendments to Assembly Resolution A. 927(22) to strengthen and clarify the guidelines for the identification and designation of particularly sensitive sea area. 9 July 2004.

[216] MEPC 52/8/1. Proposed amendments to Guidelines for the Identification and Designation of Particularly Sensitive Sea Areas [Annex 2 to IMO Assembly resolution A. 927(22)] [Z]. 6 August 2004.

[217] MEPC 53/8/2. Report of the Correspondence Group [R]. 15 April 2005.

[218] Office of Ocean Affairs, Bureau of Oceans and International Environmental and Scientific Affairs in the Department of State. Limits in the seas No. 117—straight baseline claim: China [Z]. Navigational Map.

[219] Office of The Geographer, Bureau of Intelligence and Research. International boundary study-Limits in the Seas (No. 112 - March 9, 1992)- United States Responses to Excessive National Maritime Claims.

[220] Personal statement given by Jim Osborne of Canada, Chairman of the ITG at MEPC 49, in the plenary [R]. Reproduced in MEPC 49/22, Report of the MEPC on its Forty-Ninth Session. 8 August 2003.

para. 8.22.

[221] Russian Federation. Statements by the Russian Federation-concerning the designation of the Baltic Sea as a PSSA [Z]. Reproduced in Report of the MEPC on its Fifty-First Session [R]. 22 April 2004, Annex 8.

[222] South Pacific Regional Fisheries Management Organisation. ABOUT THE SPRFMO [EB/OL]. [2011-03-17]. http://www.southpacificrfmo.org/about-the-sprfmo/.

[223] Statement by the U. S. in MEPC 52/8. Proposed amendments to Assembly Resolution A. 927(22) to strengthen and clarify the guidelines for the identification and designation of particularly sensitive sea areas [R]. 9 July 2004.

[224] Stojanovic T, Ballinger R. Responding to coastal issues in the United Kingdom: managing information and collaborating through partnerships [R]. Ocean Yearbook. Leiden: Brill, 2009. pp.445-472.

[225] 百度百科. 渤海[EB/OL]. [2011-05-20]. http://baike.baidu.com/view/45137.htm.

[226] 百度百科. 渤海湾[EB/OL]. [2011-05-20]. http://baike.baidu.com/view/218812.htm.

[227] 百度百科. 台湾海峡[EB/OL]. [2011-07-18]. http://baike.baidu.com/view/15923.htm#3.

[228] 百度百科. 台湾浅滩[EB/OL]. [2011-07-16].

http://baike.baidu.com/view/720052.htm.

[229] 卞耀武,曹康泰,王曙光.中华人民共和国海域使用管理法释义[EB/OL].[2011 - 04 - 02].http://www.chinataiwan.org/flfg/flshy/200803/t20080328_615306.htm.

[230] 冯竹.国家级海洋自然保护区名录,33个自然保护区解析[EB/OL].[2011 -05 - 18].http://www.china.com.cn/info/2011-05/19/content_22596331.htm.

[231] 福建省情资料库.厦门珍稀海洋物种国家级自然保护区[EB/OL].http://www.fjsq.gov.cn/showtext.asp? ToBook = 150&index = 147

[232] 国家海洋局.2009年中国海洋环境质量公报[EB/OL].[2011 - 05 - 14].http://www.soa.gov.cn/soa/hygbml/hjgb/nine/webinfo/2010/06/1297643967129820.htm.

[233] 国家海洋局.2010年中国海洋经济统计公报[EB/OL].[2011 - 05 - 14].http://www.soa.gov.cn/soa/hygbml/jjgb/ten/webinfo/2011/03/1299461294189991.htm.

[234] 国家海洋局.全国海洋功能区划[EB/OL].[2011 - 05 - 16].http://vip.chinalawinfo.com/newlaw2002/slc/slc.asp? db = chl&gid = 67682.

[235] 国家海洋局.中国海洋21世纪议程[EB/OL].[2011 - 02 - 14].http://www.coi.gov.cn/hyfg/database/guojiahyfg/200803/t20080318_4888.htm.

[236] 国家技术监督局.地形图图式(GB/T 7929 - 1995)[S],1996 - 05 - 01实施.

[237] 国务院新闻办公室.《中国海洋事业的发展》白皮书

[EB/OL]．[2011－02－14]．http：//www．law-lib.com/fzdt/newshtml/24/20050709190502.htm.

[238]　海军司令部．中国海图图式（GB/T 12319－1998）[S]，1999－05－01实施.

[239]　吕彩霞．《中华人民共和国海域使用管理法》有关条文的理解[N]．中国海洋报，2001－12－25.

[240]　全国科学技术名词审定委员会．"滩涂"的科技名词定义[EB/OL]．[2011－03－16]．http：//baike．baidu.com/view/330540.htm.

[241]　台湾地区"行政院"．台湾地区第一批领海基线、领海及邻接区外界线[Z].

[242]　张珞平，江毓武，陈伟琪，万振文，胡建宇．福建省海湾数模与环境研究厦门湾专题报告图册集[Z]．2009.

[243]　中国海洋信息网．自然保护区前言[EB/OL]．[2011－05－17]．http：//www．coi．gov．cn/kepu/baohuqu/.

[244]　中国交通报．让洁净的海洋为经济发展提供完美服务——我国海上船舶溢油应急反应工作综述[EB/OL]．[2011－07－18]．http：//www．moc．gov．cn/2006/jiaotongjj/zhiboting/soujiuyanxi_07SX/xiangguanlianjie/200709/t20070919_395661.htm.

[245]　中国青年报．厦门拟在自然保护区填海造岛建高端会所[EB/OL]．[2011－08－26]．http：//news．ifeng.com/mainland/detail_2011_08/25/8661855_0.shtml.

[246]　中华人民共和国国家质量监督检验检疫总局，中国国家标准化管理委员会．海洋功能区划技术导则（GB/T 17108－2006)[S].

[247] 中华人民共和国国家质量监督检验检疫总局,中国国家标准化管理委员会. 海洋及相关产业分类(GB/T 20794－2006)[S],2007－05－01 实施.

后　记

　　时光荏苒，又到了凤凰花开的时节，在厦门大学攻读博士学位的这三年，是成长的三年，是收获的三年，更是值得回忆的三年。

　　特别感谢我的恩师傅崐成教授！恩师在海洋法律与政策的相关研究上造诣极深，本书从选题构思到撰写修改无不倾注了恩师大量的心血。恩师渊博的学识，严谨的治学，睿智的谈吐，无一不深深助益着学生的成长。若没有恩师的包容与接纳，便不可能有学生这三年来的学习与感悟；若没有恩师的鞭策与鼓励，也不可能有学生这三年来的拼搏与奋斗；若没有恩师的指导与督促，更不可能有学生这三年来的成长与收获。师恩如山！

　　感谢朱晓勤教授！朱老师在环境法学上造诣深厚，并时常给予我启迪，让我在相关理论的研究上获益良多，也让我真正地懂得了"天道酬勤"；不仅如此，朱老师对我在生活上也给予了大量无私的关心、鼓励和帮助，让我倍感温暖，谢谢朱老师！

　　感谢薛雄志教授！薛老师在海岸带综合管理相关理论的研究上造诣深厚，学风儒雅，通过他教授的课程，使我对该领域内的研究前沿有了深刻的认识，此外，薛老师还在我论文组织答辩一事上劳心费力，谢谢薛老师！

感谢卢昌义教授、张珞平教授、陈玮琪教授、曹文志教授、江毓武副教授及环科中心所有老师平日里的指导和帮助；感谢吴立武书记、陈国强副书记及黄德强老师三年来如亲人般的关心！感谢张炜炜老师和戴立新老师对于我耐心且细致的帮助，因为你们，我的求学道路上才没有了后顾之忧！

感谢师兄王泽林，和你平日里的探讨，使我受益匪浅。感谢同门的其他兄弟姐妹，他们是王玉婷、赵伟、古俊峰、唐艳、管松、徐鹏、陈军武、李任远、白龙、朱艳、石艳艳、张云丽、李健、刘晶、林菁、韩文，因为有了你们，使我感觉到了同门之间的友爱互助和无私帮助，谢谢你们！感谢楼上的兄弟邹俊毅博士，相识六年，仍恨晚矣！感谢办公室的王萱师姐，林晖博士，因为有了你们，办公室多了许多的生气和欢乐！

感谢福建省海洋与渔业厅各位领导的关心和爱护！

感谢女友这些年来对我的理解和支持，谢谢一路上有你的陪伴。

最后，我要感谢我的父母，养育之恩，无以回报。你们的爱是无私的，我深深爱着你们，希望你们永远健康快乐！

董　琳

2011 年 9 月于映雪楼